普通高等教育工程造价类专业"十三五"系列规划教材

工程计价基础

张建平　张宇帆　主编

机械工业出版社

本书依据 GB 50500—2013《建设工程工程量清单计价规范》和各专业工程量，计算规范以及本课程的教学要求编写。全书分为计价理论和计价实务两部分。计价理论部分介绍工程计价概论、工程造价构成及计算；计价实务部分系统介绍投资估算、设计概算、施工图预算、工程结算、计算机辅助工程计价。

本书可作为高等学校工程造价、工程管理专业以及土建类专业开设"工程计价基础"或"工程估价"课程的教材，也可作为从事工程造价管理的工程技术人员的自学教材或参考书。

本书配有 ppt 电子课件，免费提供给选用本书的授课教师。需要者请登录机械工业出版社教育服务网（www.cmpedu.com）注册下载。

图书在版编目（CIP）数据

工程计价基础/张建平，张宇帆主编．—北京：机械
工业出版社，2018.1

普通高等教育工程造价类专业"十三五"系列规划
教材

ISBN 978-7-111-58647-0

Ⅰ.①工…　Ⅱ.①张…②张…　Ⅲ.①建筑工程 –
工程造价 – 高等学校 – 教材　Ⅳ.①TU723.34

中国版本图书馆 CIP 数据核字（2017）第 298593 号

机械工业出版社（北京市百万庄大街22号　邮政编码100037）
策划编辑：刘　涛　责任编辑：刘　涛
责任校对：佟瑞鑫　封面设计：马精明
责任印制：常天培
涿州市京南印刷厂印刷
2018 年 1 月第 1 版第 1 次印刷
184mm×260mm · 11.25 印张 · 262 千字

标准书号：ISBN 978-7-111-58647-0
定价：32.00 元

普通高等教育工程造价类专业系列规划教材

编 审 委 员 会

序　一

1996 年，建设部和人事部联合发布了《造价工程师执业资格制度暂行规定》，工程造价行业期盼多年的造价工程师执业资格制度和工程造价咨询制度在我国正式建立。该制度实施以来，我国工程造价行业取得了三个方面的主要成就：

一是形成了独立执业的工程造价咨询产业。通过住房和城乡建设部标准定额司和中国建设工程造价管理协会（以下简称中价协），以及行业同仁的共同努力，造价工程师执业资格制度和工程造价咨询制度得以顺利实施。目前，我国已拥有注册造价工程师近 11 万人，甲级工程造价咨询企业 1923 家，年产值近 300 亿元，进而形成了一个社会广泛认同独立执业的工程造价咨询产业。该产业的形成不仅为工程建设事业做出了重要的贡献，也使工程造价专业人员的地位得到了显著提高。

二是工程造价管理的业务范围得到了较大的拓展。通过大家的努力，工程造价专业从传统的工程计价发展为工程造价管理，该管理贯穿于建设项目的全过程、全要素，甚至项目的全寿命周期。造价工程师的地位之所以得以迅速提高，就在于我们的业务范围没有仅仅停留在传统的工程计价上，是与我们提出的建设项目全过程、全要素和全寿命周期管理理念得到很好的贯彻分不开的。目前，部分工程造价咨询企业已经通过他们的工作成就，得到了业主的充分肯定，在工程建设中发挥着工程管理的核心作用。

三是通过推行工程量清单计价制度实现了建设产品价格属性从政府指导价向市场调节价的过渡。计划经济体制下实行的是预算定额计价，显然其价格的属性就是政府定价；在计划经济向市场经济过渡阶段，仍然沿用预算定额计价，同时提出了"固定量、指导价、竞争费"的计价指导原则，其价格的属性具有政府指导价的显著特征。2003 年，《建设工程工程量清单计价规范》实施后，我们推行工程量清单计价方式，该计价方式不仅是计价模式形式上的改变，更重要的是通过"企业自主报价"改变了建设产品的价格属性，它标志着我们成功地实现了建设产品价格属性从政府指导价向市场调节价的过渡。

尽管取得了具有划时代意义的成就，但是必须清醒地看到我们的主要业务范围仍然相对单一、狭小，具有系统管理理论和技能的工程造价专业人才仍很匮乏，学历教育的知识体系还不能适应行业发展的要求，传统的工程造价管理体系部分已经不能适应构建我国法律框架和业务发展要求的工程造价管理的发展要求。这就要求我们重新审视工程造价管理的内涵和任务、工程造价行业发展战略和工程造价管理体系等核心问题。就上述三个问题笔者认为：

1. 工程造价管理的内涵和任务。工程造价管理是建设工程项目管理的重要组成部分，它是以建设工程技术为基础，综合运用管理学、经济学和相关的法律知识与技能，为建设项目的工程造价的确定、建设方案的比选和优化、投资控制与管理提供智力服务。工程造价管理的任务是依据国家有关法律、法规和建设行政主管部门的有关规定，对建设工程实施以工程造价管理为核心的全面项目管理，重点做好工程造价的确定与控制、建设方案的优化、投资风险的控制，进而缩小投资偏差，以满足建设项目投资期望的实现。工程造价管理应以工程造价的相关合同管理为前提，以事前控制为重点，以准确工程计量与计价为基础，并通过优化设计、风险控制和现代信息技术等手段，实现工程造价控制的整体目标。

2. 工程造价行业发展战略。一是在工程造价的形成机制方面，要建立和完善具有中国特色的"法律规范秩序，企业自主报价，市场形成价格，监管行之有效"的工程价格的形成机制。二是在工程造价管理体系方面，构建以工程造价管理法律、法规为前提，以工程造价管理标准和工程计价定额为核心，以工程计价信息为支撑的工程造价管理体系。三是在工程造价咨询业发展方面，要在"加强政府的指导与监督，完善行业的自律管理，促进市场的规范与竞争，实现企业的公正与诚信"的原则下，鼓励工程造价咨询行业"做大做强，做专做精"，促进工程造价咨询业可持续发展。

3. 工程造价管理体系。工程造价管理体系是指建设工程造价管理的法律法规、标准、定额、信息等相互联系且可以科学划分的整体。制订和完善我国工程造价管理体系的目的是指导我国工程造价管理法制建设和制度设计，依法进行建设项目的工程造价管理与监督。规范建设项目投资估算、设计概算、工程量清单、招标控制价和工程结算等各类工程计价文件的编制。明确各类工程造价相关法律、法规、标准、定额、信息的作用、表现形式以及体系框架，避免各类工程计价依据之间不协调、不配套，甚至互相重复和矛盾的现象。最终通过建立我国工程造价管理体系，提高我国建设工程造价管理的水平，打造具有中国特色和国际影响力的工程造价管理体系。工程造价管理体系的总体架构应围绕四个部分进行完善，即工程造价管理的法规体系、工程造价管理标准体系、工程计价定额体系以及工程计价信息体系。前两项是以工程造价管理为目的，需要法规和行政授权加以支撑，要将过去以红头文件形式发布的规定、方法、规则等以法规和标准的形式加以表现；后两项是服务于微观的工程计价业务，应由国家或地方授权的专业机构进行编制和管理，作为政府服务的内容。

我国从1996年开始实施造价工程师执业资格制度。天津理工大学在全国率先开设工程造价本科专业，2003年才获得教育部的批准。但是，工程造价专业的发展已经取得了实质性的进展，工程造价业务从传统概预算计价业务发展到工程造价管理。尽管如此，目前我国的工程造价管理体系还不够完善，专业发展正在建设和变革之中，这就急需构建具有中国特色的工程造价管理体系，并积极把有关内容贯彻到学历教育和继续教育中。

2010年4月，笔者参加了2010年度"全国普通高等院校工程造价类专业协作组会议"，会上通过了尹贻林教授提出的成立"普通高等教育工程造价类专业系列规划教材"编审委员会的议题。我认为，这是工程造价专业发展的一件大好事，也是工程造价专业发展的一项重要基础工作。该套系列教材是在中价协下达的"造价工程师知识结构和能力标准"的课题研究基础上规划的，符合中价协对工程造价知识结构的基本要求，可以作为普通高等院校工程造价专业或工程管理专业（工程造价方向）的本科教材。2011年4月中价协在天津召开了理事长会议，会议决定在部分普通高等院校工程造价专业或工程管理专业（工程造价方向）试点，推行双证书（即毕业证书和造价员证书）制度，我想该系列教材将成为对认证院校评估标准中课程设置的重要参考。

该套教材体系完善，科目齐全，虽未能逐一拜读各位老师的新作，进而加以评论，但是，我确信这将又是一个良好的开端，它将打造一个工程造价专业本科学历教育的完整结构，故笔者应尹贻林教授和机械工业出版社的要求，欣然命笔，写下对工程造价专业发展的一些个人看法，勉为其序。

中国建设工程造价管理协会

秘书长　吴佐民

注：本序写于2011年。

序　二

进入 21 世纪，我国高等教育界逐渐承认了工程造价专业的地位。这是出自以下考虑：首先，我国三十余年改革开放的过程主要是靠固定资产投资拉动经济的迅猛增长，导致对计量计价和进行投资控制的工程造价人员的巨大需求，客观上需要在高校办一个相应的本科专业来满足这种需求。其次，高等教育界的专家、领导也逐渐意识到一味追求宽口径的通才培养不能适用于所有高等教育形式，开始分化，即重点大学着重加强对学生的人力资源投资通用性的投入以追求"一流"，而对于大多数的一般大学则着力加强对学生的人力资源投资专用性的投入以形成特色。工程造价专业则较好地体现了这种专用性，它是一个活跃而精准满足上述要求的小型专业。第三，大学也需要有一个不断创新的培养模式，既不能泥古不化，也不能随市场需求而频繁转变。达成上述共识后，高等教育界开始容忍一些需求大，但适应面较窄的专业。在十余年的办学历程中，工程造价专业周围逐渐聚拢了一个学术共同体，以"全国普通高等院校工程造价类专业教学协作组"的形式存在着，每年开一次会议，共同商讨在教学和专业建设中遇到的难题，目前已有几十所高校的专业负责人参加了这个学术共同体，日显人气旺盛。

在这个学术共同体中，大家认识到，各高校应因地制宜，创出自己的培养特色。但也要有一些核心课程来维系这个专业的正统和根基。我们把这个根基定为与大学生的基本能力和核心能力相适应的课程体系。培养学生基本能力是各高校基础课程应完成的任务，对应一些公共基础理论课程；而核心能力则是今后工程造价专业适应行业要求的培养目标，对应一些高校自行设置、各有特色的工程造价核心专业课程。这两类能力和其对应的课程各校均已达成共识，从而形成了这套"普通高等教育工程造价类专业系列规划教材"。以后的任务则是要在发展能力这个层次上设置各校特色各异又有一定共识的课程和教材，从英国工程造价（QS）专业的经验看，这类用于培养学生的发展能力的课程或教材至少应该有项目融资及财务规划、价值管理与设计方案优化、LCC 及设施管理等。这是我们协作组今后的任务，可能要到"十三五"才能实现。

那么，高等教育工程造价专业的培养对象，即我们的学生应如何看待并使用这套教材呢？我想，学生应首先从工程造价专业的能力标准体系入手，真正了解自己为适应工程造价咨询行业或业主方、承包商方工程计量计价及投资控制的需要而应当具备的三个能力层次体系，即从成为工程造价专业人士必须掌握的基本能力、核心能力、发展能力入手，了解为适应这三类能力的培养而设置的课程，并检查自己的学习是否掌握了这几种能力。如此循环往复，与教师及各高校的教学计划互动，才能实现所谓的"教学相长"。

工程造价专业从一代宗师徐大图教授在天津大学开设的专科专业并在技术经济专业植入工程造价方向以来，在 21 世纪初，由天津理工大学率先获得教育部批准正式开设目录外专业，到本次教育部调整高校专业目录获得全国管理科学与工程学科教学指导委员会全体委员投票赞成保留，历时二十余载，已日臻成熟。期间徐大图教授创立的工程造价管理理论体系至今仍为后人沿袭，而后十余年间又经天津理工大学公共项目与工程造价研究所研究团队及开设工程造价专业的高校同行共同努力，已形成坚实的教学体系及理论基础，在工程造价这个学术共同体中聚集了国家级教学名师、国家级精品课、国家级优秀教学团队、国家级特色专业、国家级优秀教学成果等一系列国家教学质量工程中的顶级成果，对我国工程造价咨询业和建筑业的发展形成强烈支持，贡献了自己的力量，得到了高等工程教育界的认同，也获得了世界同行们的瞩目。可以想见，经过进一步规划和建设，我国高等工程造价专业教育必将赶超世界先进水平。

天津理工大学公共项目与工程造价研究所（IPPCE）所长
尹贻林　博士　教授

注：本序写于 2011 年。

前　言

工程造价专业是列入教育部《普通高等学校本科专业目录》的普通高等教育本科专业之一，其培养目标是"培养德智体全面发展，具备土木工程基本技术，了解建筑市场规律，掌握管理学、经济学、法律和合同基本知识，掌握工程造价管理工作所需的基本理论、方法和手段，具有工程建设项目投资决策和全过程各阶段造价管理能力，具有一定实践能力、综合应用能力和创新能力，适应我国和地方区域经济建设发展需要，能在国内外工程建设领域从事项目决策，以及全过程、各阶段造价管理的应用型高级经济技术管理人才。"

工程造价专业培养的学生应是懂技术、通法律、知经济、会管理的复合型应用型人才，区别于一般的管理类专业，工程造价专业更应突出基于工程技术的计量计价能力，并应将其视为最基本的核心竞争能力。

依据 GB 50500—2013《建设工程工程量清单计价规范》和各专业《工程量计算规范》构建的体系，工程造价专业的计价课程体系应尽可能覆盖建设工程的一切专业领域，其主要课程应当有：建筑工程（即房屋建筑与装饰工程）计量与计价、安装工程计量与计价、市政工程计量与计价、园林绿化工程计量与计价、公路工程计量与计价、城市轨道交通工程计量与计价、水利工程计量与计价。

鉴于上述的工程计价课程已成系列化，宜在各专业工程计量计价课程开设之前先开设"工程计价学"或"工程计价基础"课程（32 学时，2 学分），系统介绍工程计价的共性问题，如工程计价的概念体系、费用组成、计价依据和计价方法。而各专业工程计量计价课程以介绍各专业工程计量计价实务为主，目的是通过系统的、专门的课程学习，使工程造价专业的学生能够具备编制各专业工程造价文件的能力。

本书是遵循上述指导思想而编写的。全书分为计价理论和计价实务两大部分。计价理论部分包括：第 1 章工程计价概论，第 2 章工程造价构成及计算；计价实务部分包括：第 3 章投资估算，第 4 章设计概算，第 5 章施工图预算，第 6 章工程结算，第 7 章计算机辅助工程计价。

本书由昆明理工大学津桥学院张建平、张宇帆主编，昆明理工大学津桥学院杨嘉玲参编。编写分工为：张建平编写第 1 章、第 3 章、第 6 章，张宇帆编写第 2 章、第 5 章、第 7 章，杨嘉玲编写第 4 章。全书由张建平统稿。

本书可作为高等学校工程造价、工程管理专业以及土建类专业开设"工程计价基础"或"工程估价"课程的教材，也可作为从事工程造价管理的工程技术人员的自学教材或参考书。

本书在编撰过程中，参考了最新的有关标准、规范和教材。由于作者水平有限，加之书中有些内容还有待探索，不足之处在所难免，敬请读者见谅并批评指正。

张建平

目　　录

第 ① 部分 计价理论

第1章
工程计价概论

➡ **教学要求**

- 熟悉工程造价的含义、特点及作用。
- 熟悉工程计价的含义、特点、分类及建设项目的分解。

本章作为开篇，是本课程的导论，介绍工程造价的含义、特点、作用，工程计价的含义、特点、分类，以及建设项目的分解等基本问题。

1.1 工程造价

1.1.1 工程造价的含义

工程造价的直意就是工程的建造价格。在实际使用中，工程造价有如下两种含义：

1. 建设投资费用

即指广义的工程造价。从投资者或业主的角度来定义，工程造价是指有计划地建设某项工程，预期开支或实际开支的全部固定资产投资的费用。投资者选定一个投资项目，为了获得预期的效益，就要通过项目评估进行决策，然后进行设计招标、工程招标，直至竣工验收等一系列投资管理活动。在投资活动中所支付的全部费用形成了固定资产，所有这些开支就构成了工程造价。

根据国家发改委和建设部发布的《建设项目经济评价方法与参数（第三版）》（发改投资〔2006〕1325号）的规定，建设投资包括工程费用、工程建设其他费用和预备费三部分。工程费用是指建设期内直接用于工程建造、设备购置及其安装的建设投资，可以分为建筑安装工程费和设备及工器具购置费；工程建设其他费用是指建设期发生的与土地使用权取得、整个工程项目建设以及未来生产经营有关的构成建设投资但不包括在工程费用中的费用；预备费是指在建设期内为各种不可预见因素的变化而预留的可能增加的费用，包括基本预备费和价差预备费。

2. 工程建造价格

即指狭义的工程造价。从承包商、供应商、设计市场供给主体的角度来定义，工程造价是指为建设某项工程，预计或实际在土地市场、设备市场、技术劳务市场、承包市场等交易活动中所形成的建筑安装工程费，是建设投资费用的组成部分之一。

工程造价的两种含义是对客观存在的概括。它们既共生于一个统一体，又相互区别。最主要的区别在于需求主体和供给主体在市场追求的经济利益不同，因而管理的性质和管理目标不同。站在投资者或业主的角度，降低工程造价是始终如一的追求。站在承包商的角度，他们关注利润或者高额利润，会去追求较高的工程造价。不同的管理目标，反映他们不同的经济利益，但他们都要受支配价格运动的经济规律的影响和调节，他们之间的矛盾是市场竞争机制和利益风险机制的必然反映。

1.1.2 工程造价的特点

1. 大额性

任何一项建设工程，不仅实物形态庞大，而且造价高昂，需投资几百万、几千万甚至上亿的资金。工程造价的大额性关系到多方面的经济利益，同时也对社会宏观经济产生重大影响。

2. 单个性

任何一项建设工程都有特殊的用途，其功能、用途各不相同，因而使得每一项工程的结构、造型、平面布置、设备配置和内外装饰都有不同的要求。工程内容和实物形态的个别差异决定了工程造价的单个性。

3. 动态性

任何一项建设工程从决策到竣工交付使用，都会有一个较长的建设周期，在这一期间工程变更、材料价格波动、费率变动都会引起工程造价的变动，直至竣工决算后才能最终确定工程的实际造价。建设周期长，资金的时间价值突出，这体现了工程造价的动态性。

4. 层次性

一项建设工程往往含有多个单项工程，一个单项工程又由多个单位工程组成。与此相适应，工程造价也存在三个对应层次，即建设项目总造价、单项工程造价和单位工程造价，这就是工程造价的层次性。

5. 兼容性

一项建设工程往往包含许多的工程内容，不同工程内容的组合、兼容就能适应不同的工程要求。工程造价由多种费用以及不同工程内容的费用组合而成，具有很强的兼容性。

1.1.3 工程造价的作用

1）工程造价是项目决策的依据。

2）工程造价是制订投资计划和控制投资的依据。

3）工程造价是筹集建设资金的依据。

4）工程造价是评价投资效果的重要指标。

1.2　工程计价

1.2.1　工程计价的含义

工程计价是指对工程建设项目及其对象，即各种建筑物和构筑物建造费用的计算，也就是工程造价的计算。工程计价过程包括工程概预算、工程结算和竣工决算。

工程概预算（也称之为工程估价）是指工程建设项目在开工前，对所需的各种人力、物力资源及其资金的预先计算。其目的是有效地确定和控制建设项目的投资，进行人力、物力、财力的准备，以保证工程项目的顺利进行。

工程结算是指发承包双方根据合同约定，对合同工程在实施中、终止时、已完工后进行的合同价款计算、调整和确认。

竣工决算是指在工程建设项目完工后，站在投资者或业主的角度，对所消耗的各种人力、物力资源及资金的实际计算。

1.2.2　工程计价的特点

工程建设是一项特殊的生产活动，它有别于一般的工农业生产，具有周期长、消耗大、涉及面广、协作性强、建设地点固定、水文地质条件各异、生产过程单一、不能批量生产等特点。因此，工程建设的产品也就有了不同于一般的工农业产品的计价特点。

1. 单件性计价

每个建设产品都为特定的用途而建造，在结构、造型、材料选用、内部装饰、体积和面积等方面都会有所不同。建筑物要有个性，不能千篇一律，只能单独设计、单独建造。由于建设地点的地质情况不同，建造时人工材料的价格变动，使用者不同的功能要求，最终导致工程造价的千差万别。因此，建设产品的造价既不能像工业产品那样按品种、规格成批定价，也不能由国家、地方、企业规定统一的价格，只能是单件计价，只能由企业根据现时情况自主报价，由市场竞争形成价格。

2. 多次性计价

建设产品的生产过程是一个周期长、规模大、消耗多、造价高的投资生产活动，必须按照规定的建设程序分阶段进行。工程造价多次性计价的特点，表现在建设程序的每个阶段，都有相对应的计价活动，以便有效地确定与控制工程造价。同时，由于工程建设过程是一个由粗到细、由浅入深的渐进过程，工程造价的多次性计价也就成了一个对工程投资逐步细化、具体，最后接近实际的过程。工程造价多次性计价与基本建设程序展开过程的关系如图 1-1 所示。

3. 组合性计价

每一工程项目都可以按照建设项目→单项工程→单位工程→分部工程→分项工程的层次分解，然后再按相反的次序组合计价。工程计价的最小单元是分项工程或构配件，而工程计价的基本对象是单位工程，如建筑工程、装饰装修工程、安装工程、市政工程、公路工程等。每一个单位工程都应编制独立的工程造价文件，它是由若干个分项工程的造价组合而成的。单项工程的造价由若干个单位工程的造价汇总而成，建设项目的造价由若干个单项工程

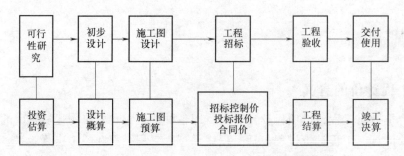

图 1-1　多次性计价与基本建设程序展开过程的关系示意图

的造价汇总而成。

1.2.3　工程计价的分类

1. 根据建设程序进展阶段不同分类

1) 投资估算。投资估算是指在编制建设项目建议书和可行性研究阶段,对建设项目总投资的粗略估算,作为建设项目决策时一项重要的参考性经济指标,投资估算是判断项目可行性的重要依据之一;作为工程造价的目标限额,投资估算用于控制初步设计概算和整个工程的造价;投资估算也是编制投资计划、资金筹措和申请贷款的依据。

2) 设计概算。设计概算是指在工程项目的初步设计阶段,根据初步设计文件和图样、概算定额或概算指标及有关取费规定,对工程项目从筹建到竣工所应发生费用的概略计算。它是国家确定和控制基本建设投资额、编制基本建设计划、选择最优设计方案、推行限额设计的重要依据,也是计算工程设计收费、编制施工图预算、确定工程项目总承包合同价的主要依据。当工程项目采用三阶段设计时,在扩大初步设计(也称技术设计)阶段,随着设计内容的深化,应对初步设计的概算进行修正,称为修正概算。经过批准的设计总概算是建设项目造价控制的最高限额。

3) 施工图预算。施工图预算是指在工程项目的施工图设计完成后,根据施工图和设计说明、预算定额或单位估价表、各种费用取费标准等,对工程项目应发生费用的较详细的计算。它是确定单位工程预算造价的依据;是确定工程招标控制价、投标报价、承包合同价的依据;是建设单位与施工单位拨付工程进度款和办理竣工结算的依据;也是施工企业编制施工组织设计、进行成本核算不可缺少的依据。

4) 施工预算。施工预算是指由施工单位在中标后的开工准备阶段,根据施工定额(或企业定额)编制的内部预算。它是施工单位编制施工作业进度计划,实行定额管理、班组成本核算的依据;也是进行"两算对比"(即施工图预算与施工预算对比)的重要依据;是施工企业有效控制施工成本,提高企业经济效益的手段之一。

5) 工程结算。工程结算是指在工程建设的收尾阶段,由施工单位根据影响工程造价的设计变更、工程量增减、项目增减、设备和材料价差,在承包合同约定的调整范围内,对合同价进行必要修正后形成的造价。经建设单位认可的工程结算是拨付和结清工程款的重要依据。工程结算价是该结算工程的实际建造价格。

6) 竣工决算。竣工决算是指在建设项目通过竣工验收交付使用后,由建设单位编制的反映整个建设项目从筹建到竣工所发生全部费用的决算价格,竣工决算应包括建设项目产成品的造价、设备和工器具购置费用和工程建设的其他费用。它应当反映工程项目建成后交付使用的固定资产及流动资金的详细情况和实际价值，是建设项目的实际投资总额，可作为财产交接、考核交付使用的财产成本，以及使用部门建立财产明细账和登记新增固定资产价值的依据。

上述计价过程中，工程估价（含投资估算、设计概算、施工图预算、施工预算）是在工程开工前进行的，而工程结算和竣工决算是在工程完工后进行的，它们之间存在的差异见表 1-1。

表 1-1　不同阶段的工程计价差异对比

类　别	编 制 阶 段	编 制 单 位	编 制 依 据	用　途
投资估算	可行性研究	工程咨询机构	投资估算指标	投资决策
设计概算	初步设计或扩大初步设计	设计单位	概算定额或概算指标	控制投资及工程造价
施工图预算	工程招投标	工程造价咨询机构和施工单位	预算定额和清单计价规范等	招标控制价、投标报价、工程合同价
施工预算	施工阶段	施工单位	施工定额或企业定额	企业内部成本核算与控制
工程结算	竣工验收后交付使用前	施工单位	合同价、设计施工变更资料	确定工程项目建造价格
竣工决算	竣工验收并交付使用后	建设单位	预算定额、工程建设其他费用定额、竣工结算资料	确定工程项目实际投资

2. 根据编制对象不同分类

1）单位工程概预算。单位工程概预算是指根据设计文件和图样、结合施工方案和现场条件计算的工程量、概（预）算定额以及其他各项费用取费标准编制的，用于确定单位工程造价的文件。

2）工程建设其他费用概预算。工程建设其他费用概预算是指根据有关规定应在建设投资中计取的，除建筑安装工程费用、设备购置费用、工器具及生产工具购置费、预备费以外的一切费用。工程建设其他费用概预算以独立的项目列入单项工程综合概预算和（或）建设项目总概算中。

3）单项工程综合概预算。单项工程综合概预算是由组成该单项工程的各个单位工程概预算汇编而成的，用于确定单项工程（建筑单体）工程造价的综合性文件。

4）建设项目总概预算。建设项目总概预算是由组成该建设项目的各个单项工程综合概预算、设备购置费用、工器具及生产工具购置费、预备费及工程建设其他费用概预算汇编而成的，用于确定建设项目从筹建到竣工验收全部建设费用的综合性文件。

根据编制对象不同划分的概预算，其相互关系如图 1-2 所示。

3. 根据单位工程专业分工不同分类

1）建筑工程概预算，含土建工程及装饰工程。

2）装饰工程概预算，专指二次装饰装修工程。

3）安装工程概预算，含建筑电气照明、给排水、暖气空调等设备安装工程。

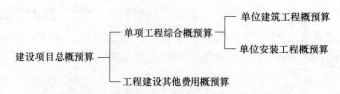

图 1-2　根据编制对象不同划分的概预算相互关系图

4）市政工程概预算。

5）仿古及园林建筑工程概预算。

6）修缮工程概预算。

7）煤气管网工程概预算。

8）抗震加固工程概预算。

1.2.4　建设项目的分解

任何一项建设工程，就其投资构成或物质形态而言，是由众多部分组成的复杂而又有机结合的总体，相互存在许多外在和内在的联系。要对一项建设工程的投资耗费计量与计价，就必须对建设项目进行科学合理的分解，使之划分为若干简单、便于计算的部分或单元。另外，建设项目根据其产品生产的工艺流程和建筑物、构筑物不同的使用功能，按照设计规范要求也必须对建设项目进行必要而科学的分解，使设计符合工艺流程及使用功能的客观要求。

根据我国现行有关规定，一个建设项目（工程项目）一般可以分解为若干的单项工程，并往下细分为单位工程、分部工程、分项工程等项目。

1. 建设项目

建设项目是指在一个总体设计或初步设计的范围内，由一个或若干个单项工程组成，经济上实行统一核算，行政上有独立机构或组织形式，实行统一管理的基本建设单位。一般以一个行政上独立的企事业单位作为一个建设项目，如一家工厂，一所学校等，并以该单位名称命名建设项目。

2. 单项工程

单项工程是指具有单独的设计文件，建成后能够独立发挥生产能力和使用效益的工程。单项工程又称为工程项目，它是建设项目的组成部分。

工业建设项目的单项工程，一般是指能够生产出设计所规定的主要产品的车间或生产线，以及其他辅助或附属工程。例如，某机械厂的一个铸造车间或装配车间等。

民用建设项目的单项工程，一般是指能够独立发挥设计规定的使用功能和使用效益的各种建筑单体或独立工程。例如：某大学的一栋教学楼或实验楼、图书馆等。

3. 单位工程

单位工程是指具有单独的设计文件，独立的施工条件，但建成后不能够独立发挥生产能力和使用效益的工程。单位工程是单项工程的组成部分，如：房屋建筑单体中的一般土建工程、装饰装修工程、给排水工程、电气照明工程、弱电工程、采暖通风空调工程以及煤气管道工程、园林绿化工程等均可以独立作为单位工程。

4. 分部工程

分部工程是指各单位工程的组成部分。它一般根据建筑物、构筑物的主要部位、结构形式、工种内容、材料分类等来划分。例如：土建工程可划分为土石方、桩基础、砌筑、混凝土及钢筋混凝土、屋面及防水、金属结构制作及安装、构件运输及预制构件安装等分部工程；装饰工程可划分为楼地面、墙柱面、天棚面、门窗、油漆涂料等分部工程。分部工程在我国现行预算定额中一般表现为"章"。

5. 分项工程

分项工程是指各分部工程的组成部分。它是工程计价的基本要素和概预算最基本的计量单元，是通过较为简单的施工过程就可以生产出来的建筑产品或构配件。例如：砌筑分部中的砖基础、一砖墙、砖柱等；混凝土及钢筋混凝土分部中的现浇混凝土基础、梁、板、柱以及钢筋制安等。在编制概预算时，各分项工程的费用由直接用于施工过程耗费的人工费、材料费、机具使用费所组成。

下面以某大学作为建设项目，来说明项目的分解过程，如图1-3所示。

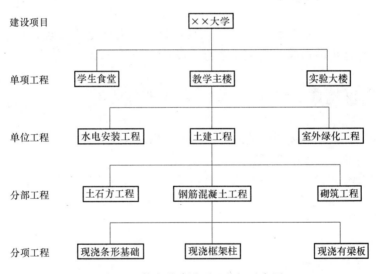

图1-3　某大学建设项目分解示意图

▶习题与思考题

1. 如何理解工程造价的含义？
2. 如何理解工程计价的含义？
3. 工程计价有哪些特点？
4. 工程计价有哪些环节？各起什么作用？
5. 工程项目分解对工程计价有何实际意义？

第 2 章

工程造价构成及计算

教学要求

- 熟悉我国现行工程造价的构成主要内容。
- 熟悉建筑安装工程费用项目组成内容。
- 掌握建筑安装工程费用按造价形成的划分方法。
- 了解建筑安装工程费用的参考计算方法。
- 了解设备及工器具购置费用、工程建设其他费用的计算方法。

工程造价是本课程的主要研究对象，工程计价的目的就是要合理、有效地确定工程造价。本章介绍工程造价的构成及费用计算的一般方法。

2.1　工程造价构成

工程造价包含工程项目按照确定的建设内容、建设规模、建设标准、功能和使用要求建成并验收合格交付使用所需的全部费用。

按照国家发改委和建设部发布的《建设项目经济评价方法与参数（第三版）》（发改投资〔2006〕1325 号）的规定，我国现行工程造价的构成主要内容为：设备及工器具购置费用、建筑安装工程费用、工程建设其他费用、预备费、建设期利息、固定资产投资方向调节税，如图 2-1 所示。

1. 设备及工器具购置费用

设备及工器具购置费用由设备购置费和工具、器具及生产家具购置费组成。在生产性工程建设中，设备及工器具购置费用占工程造价比重的增大，意味着生产技术的进步和资本有机构成的提高。

1）设备购置费。设备购置费是指为建设项目购置或自制的达到固定资产标准的各种国产或进口设备的购置费用。它由设备原价和设备运杂费构成。

① 设备原价。设备原价是指国产设备或进口设备的原价。国产设备原价一般是指设备制造厂家的交货价，或订货合同价。一般根据生产厂家或供应商的询价、报价、合同价确定，或采用一定的方法计算确定。国产设备原价一般分为国产标准设备原价和国产非标准设备原价两种。进口设备原价是指进口设备的抵岸价，即抵达买方边境口岸或边境车站，并且交完关税等税费后形成的价格。进口设备的抵岸价一般包括以下费用：货价、国际运费、运输保险费、银行财务费、外贸手续费、关税、增值税、消费税、海关监管手续费、车辆购置附加费等费用。

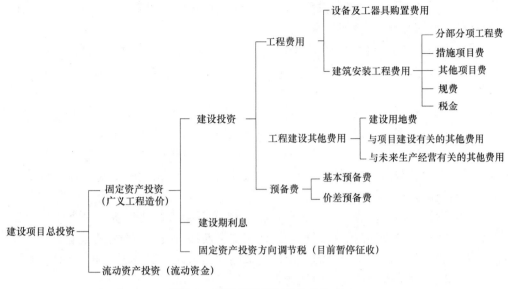

图 2-1　我国现行工程造价的构成

② 设备运杂费。设备运杂费通常由运输装卸费、包装费、采购及仓库保管费等费用构成。

2）工具、器具及生产家具购置费。工具、器具及生产家具购置费是指新建或扩建项目初步设计规定的，保证初期正常生产必须购置的没有达到固定资产标准的设备、仪器、工卡模具、器具、生产家具和备品备件等的购置费用。

2. 建筑安装工程费用

建筑安装工程费用是指工程建造的费用，由人工费、材料费（包含工程设备，下同）、施工机具使用费、企业管理费、利润、规费和税金组成（具体内容详见 2.2 节）。

3. 工程建设其他费用

工程建设其他费用是指从工程筹建起到工程竣工验收交付使用止的整个建设期间，除建筑安装工程费用和设备及工器具购置费用以外，为保证工程建设顺利完成和交付使用后能够正常发挥效用而发生的各项费用。其内容包括：

1）建设用地费。任何一个建设项目必然要发生为获得建设用地而支付的费用，即土地使用费。它是指通过划拨方式取得无限期的土地使用权而支付的土地征用及迁移补偿费；或者通过土地使用权出让方式取得有限期土地使用权而支付的土地使用权出让金。

2）建设单位管理费。建设单位管理费是指建设单位发生的管理性质的开支。费用内容包括：工作人员工资、工资性补贴、施工现场津贴、职工福利费、住房基金、基本养老保险费、基本医疗保险费、失业保险费、工伤保险费、办公费、差旅交通费、劳动保护费、工具用具使用费、固定资产使用费、必要的办公及生活用品购置费、必要的通信设备及交通工具购置费、零星固定资产购置费、招募生产工人费、技术图书资料费、业务招待费、设计审查费、工程招标费、合同契约公证费、法律顾问费、咨询费、完工清理费、竣工验收费、印花税和其他管理性质的开支。

3）工程监理费。工程监理费是指建设单位委托工程监理单位对工程实施监理工作所需费用。

4）工程总承包管理费。如建设管理采用工程总承包方式，其总承包管理费由建设单位与总包单位根据总包工作在合同中商定。

5）可行性研究费。可行性研究费是指在工程项目投资决策阶段，依据调研报告对有关建设方案、技术方案或生产经营方案进行的技术经济论证，以及编制、评审可行性研究报告所需的费用。

6）研究试验费。研究试验费是指为建设项目提供和验证设计数据、资料等所进行的必要的研究试验及相关规定在建设过程中必须进行试验、验证所需的费用。

7）勘察设计费。勘察设计费是指为对工程项目进行工程水文地质勘查、工程设计所发生的费用。费用内容包括：工程勘察费、初步设计费（基础设计费）、施工图设计费（详细设计费）、设计模型制作费。

8）专项评价及验收费。专项评价及验收费包括环境影响评价费、安全预评价及验收费、职业病危害预评价及控制效果评价费、地震安全性评价费、地质灾害危害性评价费、水土保持评价及验收费、压覆矿产资源评价费、节能评估与评审费、危险与可操作分析及安全完整性评价费以及其他专项评价及验收费。

9）场地准备及临时设施费。场地准备费是指为使工程项目的建设场地达到开工条件，由建设单位组织进行的场地平整等准备工作而发生的费用。

临时设施费是指建设单位为满足工程项目建设、生活、办公的需要，用于临时设施建设、维修、租赁、使用所发生或摊销的费用。

10）引进技术和引进设备其他费。引进技术和引进设备其他费是指引进技术及设备发生的，但未计入设备购置费中的费用。费用内容包括：引进项目图样资料翻译复制费、备品备件测绘费、出国人员费用、来华人员费用、银行担保及承诺费。

11）工程保险费。工程保险费是指为转移工程项目建设的意外风险，在建设期内对建筑工程、安装工程、机械设备和人身安全进行投保而发生的费用。

12）特殊设备安全监督检验费。特殊设备安全监督检验费是指安全监督部门对在施工现场组装的锅炉及压力容器、压力管道、消防设备、燃气设备、电梯等特殊设备和设施实施安全检验收取的费用。

13）市政公用设施费。市政公用设施费是指使用市政公用设施的工程项目，按照项目所在地省级人民政府有关规定建设或缴纳的市政公用设施建设配套费用，以及绿化工程补偿费用。

14）联合试运转费。联合试运转费是指新建或新增加生产能力的工程项目，在交付生产前按照设计文件规定的工程质量标准和技术要求，对整个生产线或生产装置进行负荷联合试运转发生的费用（试运转支出大于收入的差额部分）。费用内容包括：试运转所需的原料、燃料、动力消耗、低值易耗品、其他物料消耗、工具用具使用费、机械使用费、保险金、施工单位参加试运转人员工资及专家指导费等。

15）专利及专有技术使用费。专利及专有技术使用费是指在建设期间为取得专利、专有技术、商标权、商誉、特许经营权等发生的费用。

16）生产准备及开办费。生产准备及开办费是指在建设期间，建设单位为保证项目正常生产而发生的人员培训费、提前进厂费以及投产使用必备的办公、生活家具用具及工器具等的购置费用。

17）办公和生活家具购置费。办公和生活家具购置费是指为保证新建、改建、扩建项目初期正常生产、使用和管理所必须购置的办公和生活家具、用具的费用。

4. 预备费

按我国现行规定，预备费包括基本预备费、价差预备费。

1）基本预备费。基本预备费是指针对项目实施过程中可能发生难以预料的支出而事先预留的费用，又称工程建设不可预见费。费用内容包括：

① 在批准的初步设计范围内，技术设计、施工图设计及施工过程中所增加的工程费用；设计变更、工程变更、材料代用、局部地基处理等增加的费用。

② 一般自然灾害造成的损失和预防自然灾害所采取的措施费用。

③ 竣工验收时为鉴定工程质量对隐蔽工程进行必要的挖掘和修复费用。

④ 超规超限设备运输增加的费用。

2）价差预备费。价差预备费是指为在建设期内利率、汇率或价格等因素的变化而预留的可能增加的费用。费用内容包括：人工、设备、材料、施工机械的价差费，建筑安装工程费及工程建设其他费用调整，利率、汇率调整等增加的费用。

5. 建设期利息

建设期利息是指在建设期内发生的为工程项目筹措资金的融资费用及债务资金利息。

6. 固定资产投资方向调节税

固定资产投资方向调节税，是为了贯彻国家产业政策，控制投资规模，引导投资方向，调整投资结构，加强重点建设，促进国民经济持续、稳定、协调发展，对在我国境内进行固定资产投资的单位和个人征收的固定资产投资方向调节税（简称投调税）。

2.2　建筑安装工程费用组成

根据国家住房和城乡建设部、财政部《关于印发〈建筑安装工程费用项目组成〉的通知》（建标［2013］44 号）的规定，我国现行建筑安装工程费用组成如图 2-2 所示。

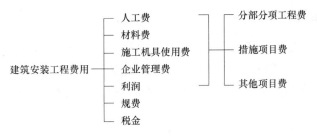

图 2-2　我国现行建筑安装工程费用组成

建筑安装工程费用包含内容见表 2-1。

表 2-1　建筑安装工程费用构成明细表

费用项目		费用组成明细
按费用构成要素划分	人工费	计时工资或计件工资、奖金、津贴补贴、加班加点工资、特殊情况下支付的工资
	材料费	材料原价、运杂费、运输损耗费、采购及保管费、工程设备费
	施工机具使用费	折旧费、大修理费、经常修理费、安拆费及场外运费、人工费、燃料动力费、税费

（续）

费用项目		费用组成明细
按费用构成要素划分	企业管理费	管理人员工资、办公费、差旅交通费、固定资产使用费、工具用具使用费、劳动保险和职工福利费、劳动保护费、检验试验费、工会经费、职工教育经费、财产保险费、财务费、税金、其他等
	利润	施工企业完成所承包工程获得的盈利
	规费	工程排污费、社会保险费（养老保险费、失业保险费、医疗保险费、工伤保险费、生育保险费）、住房公积金、危险作业意外伤害保险
	税金	增值税、城市建设维护税、教育费附加、地方教育附加
按造价形成划分	分部分项工程费	1. 专业工程：是指按现行国家计量规范划分的房屋建筑与装饰工程、仿古建筑工程、通用安装工程、市政工程、园林绿化工程、矿山工程、构筑物工程、城市轨道交通工程、爆破工程等各类工程 2. 分部分项工程：指按现行国家计量规范对各专业工程划分的项目。如房屋建筑与装饰工程划分的土石方工程、地基处理与桩基工程、砌筑工程、钢筋及钢筋混凝土工程等
	措施项目费	环境保护费、文明施工费、安全施工费、临时设施费、夜间施工增加费、二次搬运费、冬雨季施工增加费、大型机械设备进出场及安拆费、混凝土及钢筋混凝土模板及支架费、脚手架工程费、已完工程及设备保护费、工程定位复测费、特殊地区施工增加费、施工排水及降水费用、其他措施费等
	其他项目费	暂列金额、计日工、总承包服务费
	规费	工程排污费、社会保险费（养老保险费、失业保险费、医疗保险费、工伤保险费、生育保险费）、住房公积金、危险作业意外伤害保险
	税金	增值税、城市建设维护税、教育费附加、地方教育附加

2.2.1　按费用构成要素划分

建筑安装工程费按照费用构成要素划分：由人工费、材料（包含工程设备，下同）费、施工机具使用费、企业管理费、利润、规费和税金组成。其中，人工费、材料费、施工机具使用费、企业管理费和利润包含在分部分项工程费、措施项目费、其他项目费中。

1. 人工费

人工费是指按工资总额构成规定，支付给从事建筑安装工程施工的生产工人和附属生产单位工人的各项费用。内容包括：

1）计时工资或计件工资。计时工资或计件工资是指按计时工资标准和工作时间或对已做工作按计件单价支付给个人的劳动报酬。

2）奖金。奖金是指对超额劳动和增收节支支付给个人的劳动报酬。如节约奖、劳动竞赛奖等。

3）津贴补贴。津贴补贴是指为了补偿职工特殊或额外的劳动消耗和因其他特殊原因支付给个人的津贴，以及为了保证职工工资水平不受物价影响支付给个人的物价补贴。例如：流动施工津贴、特殊地区施工津贴、高温（寒）作业临时津贴、高空津贴等。

4）加班加点工资。加班加点工资是指按规定支付的在法定节假日工作的加班工资和在法定日工作时间外延时工作的加点工资。

5）特殊情况下支付的工资。特殊情况下支付的工资是指根据国家法律、法规和政策规定，因病、工伤、产假、计划生育假、婚丧假、事假、探亲假、定期休假、停工学习、执行国家或社会义务等原因按计时工资标准或计时工资标准的一定比例支付的工资。

2. 材料费

材料费是指施工过程中耗费的原材料、辅助材料、构配件、零件、半成品或成品、工程设备的费用。内容包括：

1）材料原价。材料原价是指材料、工程设备的出厂价格或商家供应价格。

2）运杂费。运杂费是指材料、工程设备自来源地运至工地仓库或指定堆放地点所发生的全部费用。

3）运输损耗费。运输损耗费是指材料在运输装卸过程中不可避免的损耗。

4）采购及保管费。采购及保管费是指为组织采购、供应和保管材料、工程设备的过程中所需要的各项费用。费用内容包括采购费、仓储费、工地保管费、仓储损耗。

5）工程设备费。工程设备费是指构成或计划构成永久工程一部分的机电设备、金属结构设备、仪器装置及其他类似的设备和装置费用。

3. 施工机具使用费

施工机具使用费是指施工作业所发生的施工机械、仪器仪表使用费或其租赁费。施工机具使用费由以下费用组成：

1）折旧费。折旧费指施工机械在规定的使用年限内，陆续收回其原值的费用。

2）大修理费。大修理费指施工机械按规定的大修理间隔台班进行必要的大修理，以恢复其正常功能所需的费用。

3）经常修理费。经常修理费指施工机械除大修理以外的各级保养和临时故障排除所需的费用。费用内容包括：为保障机械正常运转所需替换设备与随机配备工具附具的摊销和维护费用，机械运转中日常保养所需润滑与擦拭的材料费用及机械停滞期间的维护和保养费用等。

4）安拆费及场外运费。安拆费是指施工机械（大型机械除外）在现场进行安装与拆卸所需的人工、材料、机械和试运转费用以及机械辅助设施的折旧、搭设、拆除等费用；场外运费是指施工机械整体或分体自停放地点运至施工现场或由一施工地点运至另一施工地点的运输、装卸、辅助材料及架线等费用。

5）人工费。人工费指机上司机（司炉）和其他操作人员的人工费。

6）燃料动力费。燃料动力费指施工机械在运转作业中所消耗的各种燃料及水、电等费用。

7）税费。税费指施工机械按照国家规定应缴纳的车船使用税、保险费及年检费等。

4. 企业管理费

企业管理费是指建筑安装企业组织施工生产和经营管理所需的费用。内容包括：

1）管理人员工资。管理人员工资是指按规定支付给管理人员的计时工资、奖金、津贴补贴、加班加点工资及特殊情况下支付的工资等。

2）办公费。办公费是指企业管理办公用的文具、纸张、账表、印刷、邮电、书报、办公软件、现场监控、会议、水电、烧水和集体取暖降温（包括现场临时宿舍取暖降温）等费用。

3）差旅交通费。差旅交通费是指职工因公出差、调动工作的差旅费、住勤补助费，市内交通费和误餐补助费，职工探亲路费，劳动力招募费，职工退休、退职一次性路费，工伤人员就医路费，工地转移费以及管理部门使用的交通工具的油料、燃料等费用。

4）固定资产使用费。固定资产使用费是指管理和试验部门及附属生产单位使用的属于固定资产的房屋、设备、仪器等的折旧、大修、维修或租赁费。

5）工具用具使用费。工具用具使用费是指企业施工生产和管理使用的不属于固定资产的工具、器具、家具、交通工具和检验、试验、测绘、消防用具等的购置、维修和摊销费。

6）劳动保险和职工福利费。劳动保险和职工福利费是指由企业支付的职工退职金、按规定支付给离休干部的经费、集体福利费、夏季防暑降温补贴、冬季取暖补贴、上下班交通补贴等。

7）劳动保护费。劳动保护费是指企业按规定发放的劳动保护用品的支出。如工作服、手套、防暑降温饮料以及在有碍身体健康的环境中施工的保健费用等。

8）检验试验费。检验试验费是指施工企业按照有关标准规定，对建筑以及材料、构件和建筑安装物进行一般鉴定、检查所发生的费用，包括自设试验室进行试验所耗用的材料等费用。不包括新结构、新材料的试验费，对构件做破坏性试验及其他特殊要求检验试验的费用和建设单位委托检测机构进行检测的费用，对此类检测发生的费用，由建设单位在工程建设其他费用中列支。但对施工企业提供的具有合格证明的材料进行检测不合格的，该检测费用由施工企业支付。

9）工会经费。工会经费是指企业按《工会法》规定的全部职工工资总额比例计提的工会经费。

10）职工教育经费。职工教育经费是指按职工工资总额的规定比例计提，企业为职工进行专业技术和职业技能培训，专业技术人员继续教育、职工职业技能鉴定、职业资格认定以及根据需要对职工进行各类文化教育所发生的费用。

11）财产保险费。财产保险费是指施工管理用财产、车辆等的保险费用。

12）财务费。财务费是指企业为施工生产筹集资金或提供预付款担保、履约担保、职工工资支付担保等所发生的各种费用。

13）税金。税金是指企业按规定缴纳的房产税、车船使用税、土地使用税、印花税等。

14）其他。其他包括技术转让费、技术开发费、投标费、业务招待费、绿化费、广告费、公证费、法律顾问费、审计费、咨询费、保险费等。

5. 利润

利润是指施工企业完成所承包工程获得的盈利。

6. 规费

规费是指按国家法律、法规规定，由省级政府和省级有关权力部门规定必须缴纳或计取的费用。内容包括：

1）社会保险费。

① 养老保险费。养老保险费是指企业按照规定标准为职工缴纳的基本养老保险费。

② 失业保险费。失业保险费是指企业按照规定标准为职工缴纳的失业保险费。

③ 医疗保险费。医疗保险费是指企业按照规定标准为职工缴纳的基本医疗保险费。

④ 生育保险费。生育保险费是指企业按照规定标准为职工缴纳的生育保险费。

⑤ 工伤保险费。工伤保险费是指企业按照规定标准为职工缴纳的工伤保险费。

2）住房公积金。住房公积金是指企业按规定标准为职工缴纳的住房公积金。

3）工程排污费。工程排污费是指按规定缴纳的施工现场工程排污费。

4）其他应列而未列入的规费，按实际发生计取。

7. 税金

税金是指国家税法规定的应计入建筑安装工程造价内的增值税、城市建设维护税、教育费附加以及地方教育附加。

2.2.2　按造价形成划分

建筑安装工程费按照工程造价形成由分部分项工程费、措施项目费、其他项目费、规费、税金组成，分部分项工程费、措施项目费、其他项目费均包含人工费、材料费、施工机具使用费、企业管理费和利润。

1. 分部分项工程费

分部分项工程费是指各专业工程的分部分项工程应予列支的各项费用。

1）专业工程。专业工程是指按现行国家计量规范划分的房屋建筑与装饰工程、仿古建筑工程、通用安装工程、市政工程、园林绿化工程、矿山工程、构筑物工程、城市轨道交通工程、爆破工程等各类工程。

2）分部分项工程。分部分项工程是指按现行国家计量规范对各专业工程划分的项目。如房屋建筑与装饰工程划分的土石方工程、地基处理与桩基工程、砌筑工程、钢筋及钢筋混凝土工程等。

各类专业工程的分部分项工程划分见现行国家或行业计量规范。

2. 措施项目费

措施项目费是指为完成建设工程施工，发生于该工程施工前和施工过程中的技术、生活、安全、环境保护等方面的费用。内容包括：

1）安全文明施工费。

① 环境保护费。环境保护费是指施工现场为达到环保部门要求所需要的各项费用。

② 文明施工费。文明施工费是指施工现场文明施工所需要的各项费用。

③ 安全施工费。安全施工费是指施工现场安全施工所需要的各项费用。

④ 临时设施费。临时设施费是指施工企业为进行建设工程施工所必须搭设的生活和生产用的临时建筑物、构筑物和其他临时设施费用。费用内容包括：临时设施的搭设、维修、拆除、清理费或摊销费等。

2）夜间施工增加费。夜间施工增加费是指因夜间施工所发生的夜班补助费、夜间施工降效、夜间施工照明设备摊销及照明用电等费用。

3）二次搬运费。二次搬运费是指因施工场地条件限制而发生的材料、构配件、半成品等一次运输不能到达堆放地点，必须进行二次或多次搬运所发生的费用。

4）冬雨季施工增加费。冬雨季施工增加费是指在冬季或雨季施工需增加的临时设施、防滑、排除雨雪，人工及施工机械效率降低等费用。

5）已完工程及设备保护费。已完工程及设备保护费是指竣工验收前，对已完工程及设备采取的必要保护措施所发生的费用。

6）工程定位复测费。工程定位复测费是指工程施工过程中进行全部施工测量放线和复测工作的费用。

7）特殊地区施工增加费。特殊地区施工增加费是指工程在沙漠或其边缘地区、高海拔、高寒、原始森林等特殊地区施工增加的费用。

8）大型机械设备进出场及安拆费。大型机械设备进出场及安拆费是指机械整体或分体自停放场地运至施工现场或由一个施工地点运至另一个施工地点，所发生的机械进出场运输及转移费用及机械在施工现场进行安装、拆卸所需的人工费、材料费、机械费、试运转费和安装所需的辅助设施的费用。

9）脚手架工程费。脚手架工程费是指施工需要的各种脚手架搭、拆、运输费用以及脚手架购置费的摊销（或租赁）费用。

10）措施项目及其包含的内容详见各类专业工程的现行国家或行业计量规范。

3. 其他项目费

1）暂列金额。暂列金额是指建设单位在工程量清单中暂定并包括在工程合同价款中的一笔款项。用于施工合同签订时尚未确定或者不可预见的所需材料、工程设备、服务的采购，施工中可能发生的工程变更、合同约定调整因素出现时的工程价款调整以及发生的索赔、现场签证确认等的费用。

2）计日工。计日工是指在施工过程中，施工企业完成建设单位提出的施工图以外的零星项目或工作所需的费用。

3）总承包服务费。总承包服务费是指总承包人为配合、协调建设单位进行的专业工程发包，对建设单位自行采购的材料、工程设备等进行保管以及施工现场管理、竣工资料汇总整理等服务所需的费用。

4. 规费

内容同前。

5. 税金

内容同前。

2.3 工程费用计算方法

本节介绍的是建标［2013］44号文中推荐的工程费用参考计算方法，实际工程计价时，应根据当地建设行政主管部门的规定计算。

2.3.1 建筑安装工程费用参考计算方法

1. 各费用构成要素参考计算方法

1）人工费。

公式1

$$人工费 = \sum (工日消耗量 \times 日工资单价) \tag{2-1}$$

$$日工资单价 = \frac{生产工人平均月工资(计时、计件) + 平均月(奖金 + 津贴补贴 + 特殊情况下支付的工资)}{年平均每月法定工作日}$$

注：公式1主要适用于施工企业投标报价时自主确定人工费，也是工程造价管理机构编制计价定额确定定额人工单价或发布人工成本信息的参考依据。

公式2

$$人工费 = \sum(工程工日消耗量 \times 日工资单价) \tag{2-2}$$

日工资单价是指施工企业平均技术熟练程度的生产工人在每工作日（国家法定工作时间内）按规定从事施工作业应得的日工资总额。

工程造价管理机构确定日工资单价应通过市场调查、根据工程项目的技术要求，参考实物工程量人工单价综合分析确定，最低日工资单价不得低于工程所在地人力资源和社会保障部门所发布的最低工资标准的：普工1.3倍、一般技工2倍、高级技工3倍。

工程计价定额不可只列一个综合工日单价，应根据工程项目技术要求和工种差别适当划分多种日人工单价，确保各分部工程人工费的合理构成。

注：公式2适用于工程造价管理机构编制计价定额时确定定额人工费，是施工企业投标报价的参考依据。

2）材料费。

① 材料费。

$$材料费 = \sum(材料消耗量 \times 材料单价) \tag{2-3}$$

材料单价 = (材料原价 + 运杂费) × [1 + 运输损耗率(%)] × [1 + 采购保管费率(%)]

② 工程设备费。

$$工程设备费 = \sum(工程设备量 \times 工程设备单价) \tag{2-4}$$

工程设备单价 = (设备原价 + 运杂费) × [1 + 采购保管费率(%)]

3）施工机具使用费。

① 施工机械使用费。

$$施工机械使用费 = \sum(施工机械台班消耗量 \times 机械台班单价) \tag{2-5}$$

机械台班单价 = 台班折旧费 + 台班大修费 + 台班经常修理费 + 台班安拆费及场外运费 +

台班人工费 + 台班燃料动力费 + 台班车船税费

注：工程造价管理机构在确定计价定额中的施工机械使用费时，应根据《建设工程施工机械台班费用编制规则》并结合市场调查编制施工机械台班单价。施工企业可以参考工程造价管理机构发布的台班单价，自主确定施工机械使用费的报价，如租赁施工机械，公式为施工机械使用费 = $\sum$(施工机械台班消耗量 × 机械台班租赁单价)。

② 仪器仪表使用费。

$$仪器仪表使用费 = 工程使用的仪器仪表摊销费 + 维修费 \tag{2-6}$$

4）企业管理费费率。

① 以分部分项工程费为计算基础。

$$企业管理费费率(\%) = \frac{生产工人年平均管理费}{年有效施工天数 \times 人工单价} \times 人工费占分部分项工程费比例(\%) \tag{2-7}$$

② 以人工费和机械费合计为计算基础。

$$企业管理费费率(\%) = \frac{生产工人年平均管理费}{年有效施工天数 \times (人工单价 + 每一工日机械使用费)} \times 100\% \tag{2-8}$$

③ 以人工费为计算基础。

$$企业管理费费率(\%) = \frac{生产工人年平均管理费}{年有效施工天数 \times 人工单价} \times 100\% \tag{2-9}$$

注：上述公式适用于施工企业投标报价时自主确定管理费，是工程造价管理机构编制计价定额确定企业管理费的参考依据。

工程造价管理机构在确定计价定额中企业管理费时，应以定额人工费或（定额人工费＋定额机械费）作为计算基数，其费率根据历年工程造价积累的资料，辅以调查数据确定，列入分部分项工程和措施项目中。

5）利润。

① 施工企业根据企业自身需求并结合建筑市场实际自主确定，列入报价中。

② 工程造价管理机构在确定计价定额中的利润时，应以定额人工费或（定额人工费＋定额机械费）作为计算基数，其费率根据历年工程造价积累的资料，并结合建筑市场实际确定，以单位（单项）工程测算，利润在税前建筑安装工程费的比例可按不低于5%且不高于7%的费率计算。利润应列入分部分项工程和措施项目中。

6）规费。

① 社会保险费和住房公积金。社会保险费和住房公积金应以定额人工费为计算基础，根据工程所在地的省、自治区、直辖市或行业建设主管部门规定的费率计算。

$$社会保险费和住房公积金 = \sum (工程定额人工费 \times 社会保险费和住房公积金费率) \tag{2-10}$$

式中　社会保险费和住房公积金费率——以每万元发承包价的生产工人人工费和管理人员工资含量与工程所在地规定的缴纳标准综合分析取定。

② 工程排污费。工程排污费等其他应列而未列入的规费应按工程所在地环境保护等部门规定的标准缴纳，按实计取列入。

7）税金。税金的计算公式为

$$税金 = 税前造价 \times 综合税率(\%) \tag{2-11}$$

综合税率：

① 纳税地点在市区的企业。

$$综合税率(\%) = \left[\frac{1}{1-3\% - (3\% \times 7\%) - (3\% \times 3\%) - (3\% \times 2\%)} - 1 \right] \times 100\% = 3.48\% \tag{2-12}$$

② 纳税地点在县城、镇的企业。

$$综合税率(\%) = \left[\frac{1}{1-3\% - (3\% \times 5\%) - (3\% \times 3\%) - (3\% \times 2\%)} - 1 \right] \times 100\% = 3.41\% \tag{2-13}$$

③ 纳税地点不在市区、县城、镇的企业。

$$综合税率(\%) = \left[\frac{1}{1-3\% - (3\% \times 1\%) - (3\% \times 3\%) - (3\% \times 2\%)} - 1 \right] \times 100\% = 3.28\% \tag{2-14}$$

④ 实行营业税改增值税的，按纳税地点现行税率计算。

2. 建筑安装工程计价参考公式

1）分部分项工程费。

$$分部分项工程费 = \sum（分部分项工程量 \times 综合单价） \qquad (2-15)$$

式中　综合单价——包括人工费、材料费、施工机具使用费、企业管理费和利润以及一定范围的风险费用（下同）。

2）措施项目费。

① 国家计量规范规定应予计量的措施项目，其计算公式为

$$措施项目费 = \sum（措施项目工程量 \times 综合单价） \qquad (2-16)$$

② 国家计量规范规定不宜计量的措施项目，其计算方法为

a. 安全文明施工费。

$$安全文明施工费 = 计算基数 \times 安全文明施工费费率（\%） \qquad (2-17)$$

计算基数应为定额基价（定额分部分项工程费 + 定额中可以计量的措施项目费）、定额人工费或（定额人工费 + 定额机械费），其费率由工程造价管理机构根据各专业工程的特点综合确定。

b. 夜间施工增加费。

$$夜间施工增加费 = 计算基数 \times 夜间施工增加费费率（\%） \qquad (2-18)$$

c. 二次搬运费。

$$二次搬运费 = 计算基数 \times 二次搬运费费率（\%） \qquad (2-19)$$

d. 冬雨季施工增加费。

$$冬雨季施工增加费 = 计算基数 \times 冬雨季施工增加费费率（\%） \qquad (2-20)$$

e. 已完工程及设备保护费。

$$已完工程及设备保护费 = 计算基数 \times 已完工程及设备保护费费率（\%） \qquad (2-21)$$

上述 a ~ e 项措施项目的计费基数应为定额人工费或（定额人工费 + 定额机械费），其费率由工程造价管理机构根据各专业工程特点和调查资料综合分析后确定。

3）其他项目费。

① 暂列金额由建设单位根据工程特点，按有关计价规定估算，施工过程中由建设单位掌握使用、扣除合同价款调整后如有余额，归建设单位。

② 计日工由建设单位和施工企业按施工过程中的签证计价。

③ 总承包服务费由建设单位在招标控制价中根据总包服务范围和有关计价规定编制，施工企业投标时自主报价，施工过程中按签约合同价执行。

4）规费和税金。建设单位和施工企业均应按照省、自治区、直辖市或行业建设主管部门发布标准计算规费和税金，不得作为竞争性费用。

2.3.2　设备及工器具购置费计算方法

设备购置费等于设备原价和设备运杂费的总和，计算公式为

$$设备购置费 = 设备原价 + 设备运杂费 \qquad (2-22)$$

1. 设备原价

1）国产设备原价。国产设备原价一般指的是设备制造厂的交货价或订货合同价。一般根据生产厂或供应商的询价、报价、合同价确定，或采用一定的方法确定。

2）进口设备原价。进口设备原价是指进口设备的抵岸价，即抵达买方边境港口或边境

车站，且交完关税等税费后形成的价格。

$$进口设备抵岸价 = 货价 + 国际运费 + 运输保险费 + 银行财务费 + 外贸手续费 +$$
$$关税 + 增值税 + 消费税 + 车辆购置附加费 \qquad (2-23)$$

① 货价：一般指装运港船上的交货价（FOB）。进口设备货价按有关生产厂商询价、报价、订货合同价计算。

② 国际运费：指从装运港（站）到达我国抵达港（站）的运费。

$$国际运费（海、陆、空）= 原币货价（FOB）× 运费率 \qquad (2-24)$$
$$国际运费（海、陆、空）= 运量 × 单位运价 \qquad (2-25)$$

③ 运输保险费。

$$运输保险费 = \frac{原币货价（FOB）+ 国际运费}{（1 - 保险费率）} × 保险费率 \qquad (2-26)$$

④ 银行财务费：一般指中国银行手续费。

$$银行财务费 = 人民币货价（FOB）× 银行财务费率 \qquad (2-27)$$

⑤ 外贸手续费：指对外经济贸易部规定的外贸手续费率计取的费用。

$$外贸手续费 = （货价 + 国际运费 + 运输保险费）× 外贸手续费率 \qquad (2-28)$$

⑥ 关税：由海关对进出国境或关境的货物和物品征收的一种税。

$$关税 = 到岸价格（CIF）× 进口关税税率 \qquad (2-29)$$

注：到岸价格（CIF）包括：离岸价格（FOB）、国际运费、运输保险费等费用。

⑦ 消费税：仅对部分进口设备（如轿车、摩托车等）征收的一种税种。

$$消费税额 = （到岸价格 + 关税）÷ （1 - 消费税税率）× 消费税税率 \qquad (2-30)$$

⑧ 进口环节增值税：是对从事进口贸易的单位和个人，在进口商品报关进口后征收的税种。

$$进口环节增值税额 = [离岸价格（FOB）+ 国际运费 +$$
$$运输保险费 + 关税 + 消费税] × 增值税税率 \qquad (2-31)$$

⑨ 车辆购置税：进口车辆需缴进口车辆购置税。

$$进口车辆购置税 = （到岸价格 + 关税 + 消费税）× 车辆购置附加费率 \qquad (2-32)$$

2. 设备运杂费

设备运杂费的计算方法有两种：

方法一：以设备原价为计算基数乘以设备运杂费率。

$$设备运杂费 = 设备原价 × 设备运杂费率 \qquad (2-33)$$

方法二：分项进行计算，具体内容如下：

1）运输费和装卸费。运输、装卸等费的确定，应根据材料的来源地、运输里程、运输方法、并根据国家有关部门或地方政府交通运输管理部门规定的运价标准分别计算。

2）包装费。包装费是指为了便于设备运输和保护设备进行包装所发生和需要的一切费用。内容包括：水运、陆运的支撑、篷布、包装袋、包装箱、绑扎等费用。材料运到现场或使用后，要对包装材料进行回收，回收价值冲减设备购置费。

3）采购及保管费。采购及保管费是指采购、验收、保管和收发设备所发生的各种费用。

$$设备采购及保管费用 = （设备原价 + 运输、装卸费 + 包装费）× 采保费率 \qquad (2-34)$$

3. 工器具及生产家具购置费的计算

$$工器具及生产家具购置费 = 设备购置费 × 工器具及生产家具购置费率 \qquad (2-35)$$

2.3.3　工程建设其他费用计算方法

1. 土地使用费

1）土地征用及迁移补偿费。土地征用及迁移补偿费，依据《中华人民共和国土地管理法》的规定计算。

2）土地使用权出让金。土地使用权出让金，依据《中华人民共和国城镇国有土地使用权出让和转让暂行条例》的规定计算。

2. 建设单位管理费

$$建设单位管理费 = （设备及工器具购置费 + 建筑安装工程费用）× 建设单位管理费率$$

$$(2-36)$$

3. 工程监理费

工程监理费应按照国家发改委、建设部联合发布的《关于印发〈建设工程监理与相关服务收费管理规定〉的通知》（发改价格［2007］670 号）计算。

4. 可行性研究费

可行性研究费应参照国家计委《关于发布〈建设项目前期工作咨询收费暂行规定〉的通知》（计价格［1999］1283 号）计算。

5. 研究试验费

研究试验费按照设计单位根据本工程项目的需要提出的研究试验内容和要求计算。

6. 勘察设计费

勘察设计费按国家计委、建设部《关于发布〈工程勘察设计收费管理规定〉的通知》（计价格［2002］10 号）计取。

7. 环境影响评价费

环境影响评价费应参照《关于规范环境影响咨询收费有关问题的通知》（计价格［2002］125 号）计算。

8. 场地准备及临时设施费

$$场地准备及临时设施费 = 工程费用 × 费率 + 拆除清理费 \qquad (2-37)$$

9. 引进技术和引进设备其他费用

1）出国人员费用：根据设计规定的出国培训和工作的人数、时间及派往国家，按财政部、外交部规定的临时出国人员费用开支标准及中国民用航空公司现行国际航线票价等进行计算。

2）来华费用：按每人每月费用指标计算。

3）技术引进费：根据合同或协议的价格计算。

4）担保费：按有关金融机构规定的担保费率计算。

10. 工程保险费

工程保险费根据不同的工程类别，分别以其建筑安装工程费乘以建筑安装工程保险费率来计算。

11. 联合试运转费

联合试运转费一般根据不同性质的项目按需要试运转车间的工艺设备购置费的百分比计算。

12. 生产准备费

生产准备费一般根据需要培训和提前进厂人员的人数及培训时间，按生产准备费指标进行估算。

13. 基本预备计算

基本预备费 = (设备及工器具购置费 + 建筑安装工程费 + 工程建设其他费) × 基本预备费率

$$(2\text{-}38)$$

14. 价差预备费

价差预备费的测算方法，一般根据国家规定的投资综合价格指数，按估算年份价格水平的投资额为基数，采用复利方法计算。价差预备费的计算公式为

$$PF = \sum_{t=1}^{n} I_t \left[(1+f)^m (1+f)^{0.5} (1+f)^{t-1} - 1 \right] \qquad (2\text{-}39)$$

式中　PF——价差预备费；

n——建设期年份数；

I_t——估算静态投资中第 t 年的投入的工程费用；

f——年涨价率；

m——建设前期年限（从编制估算到开工建设，单位：年）；

t——施工年度。

15. 建设期利息

当总贷款额是分年均衡发放时，建设期利息的计算可按当年借款在年中支用考虑，即当年贷款按半年计息，上年贷款按全年计息。

$$q_j = \left(P_{j-1} + \frac{1}{2}A_j \right) i \qquad (2\text{-}40)$$

式中　q_j——建设期第 j 年应计利息；

P_{j-1}——建设期第 $(j-1)$ 年末贷款累计金额与利息累计金额之和；

A_j——建设期第 j 年贷款金额；

i——年利率。

16. 固定资产投资方向调节税

固定资产投资方向调节税的计算公式为

固定资产投资方向调节税 = 实际完成投资额 × 税率　　　(2-41)

① 实际完成投资额包括：设备及工器具购置费、建筑安装工程费、工程建设其他费及预备费。

② 税率：根据国家产业政策和项目经济规模实行差别税率，税率分别为：0%、5%、10%、15%、30% 五个档次。

▶ **习题与思考题**

1. 我国现行工程造价的组成内容是什么？

2. 按费用构成要素划分的建筑安装工程费由哪些费用构成？

3. 按造价形成划分的建筑安装工程费由哪些费用构成？

4. 分部分项工程费由哪些费用构成？

5. 措施项目费由哪些费用构成?

6. 企业管理费由哪些费用构成?

7. 规费由哪些费用构成?

8. 税金由哪些费用构成?

9. 如何区别建设单位临时设施费和施工单位临时设施费?

10. 如何区别检验试验费和研究试验费?

11. 如何区别大型施工机械与中、小型施工机械的进出场费及安拆费的归属?

12. 从某国进口设备,质量 1000t,装运港船上交货价为 400 万美元,工程建设项目位于国内某省会城市。如果国际运费标准为 300 美元/t,海上运输保险费率为 3‰,银行财务费率为 5‰,外贸手续费率为 1.5%,关税税率为 22%,增值税税率为 17%,消费税税率为 10%,银行外汇牌价为 1 美元 = 6.3 元人民币,请对该进口设备的原价进行估算。

13. 某新建项目,建设期为 3 年,分年均衡进行贷款,第一年贷款 300 万元,第二年贷款 600 万元,第三年贷款 400 万元,年利率 12%,建设期内只计息不支付,试计算建设期利息。

第❷部分 计价实务

第3章

投资估算

➤ **教学要求**

- 熟悉投资估算的概念、划分、作用及编制内容、编制依据和步骤。
- 掌握投资估算中静态投资、动态投资和铺底流动资金的估算方法。
- 了解投资估算指标的概念及作用。

投资估算是在编制项目建议书和可行性研究阶段，对建设项目总投资的粗略估算。作为建设项目投资决策时一项重要的参考性经济指标，投资估算是判断项目可行性的重要依据之一；作为工程造价的目标限额，投资估算是控制初步设计概算和整个工程造价的目标限额；投资估算也是作为编制投资计划、筹措资金和申请贷款的依据。

3.1 投资估算概述

3.1.1 投资估算的概念

投资估算是指建设项目在整个投资决策过程中，依据已有的资料，运用一定的方法和手段，对拟建项目全部投资费用进行的预测和估算。

与投资决策过程中的各个工作阶段相对应，投资估算也按相应阶段进行编制。

3.1.2 投资估算的划分

投资估算贯穿于整个建设项目投资决策过程中，由于投资决策过程可划分为项目规划阶段、项目建议书阶段、初步可行性研究阶段和详细可行性研究阶段，因此投资估算工作也可划分为相应的四个阶段。不同阶段所具备的条件和掌握的资料不同，对投资估算的要求也各不相同，因此投资估算的准确程度在不同阶段也不尽相同，每个阶段投资估算所起的作用也不一样。投资估算的各阶段划分见表3-1。

表3-1 投资估算的各阶段划分

序号	投资估算各阶段划分	投资估算误差幅度	各阶段投资估算的作用
1	项目规划阶段投资估算	> ±30%	按照建设项目规划的要求和内容,粗略估算建设项目所需要的投资额
2	项目建议书阶段投资估算	±30% 以内	判断一个项目是否需要进行下一步阶段的工作
3	初步可行性研究阶段投资估算	±20% 以内	确定是否进行详细可行性研究
4	详细可行性研究阶段投资估算	±10% 以内	作为对可行性研究结果进行最后评价的依据。该阶段经批准的投资估算作为该项目的投资限额

3.1.3 投资估算的作用

投资估算是项目建议书和可行性研究报告的重要组成部分,是项目决策的重要依据之一。其准确性直接影响到项目的决策、建设工程规模、投资效果等诸多方面。因此,全面准确地估算建设项目的工程造价,是可行性研究乃至整个决策阶段造价管理的重要任务。投资估算作用如下:

1)项目建议书阶段的投资估算,是项目主管部门审批项目建议书的依据之一,并对项目的规划、规模起参考作用。

2)项目可行性研究阶段的投资估算是项目投资决策的重要依据,也是研究、分析和计算项目投资经济效果的重要条件。当可行性研究报告被批准之后,其投资估算额就作为设计任务书中下达的投资限额,即作为建设项目投资的最高限额,不得随意突破。

3)项目投资估算对工程设计概算起控制作用,设计概算不得突破经有关部门批准的投资估算,并应控制在投资估算额以内。

4)项目投资估算可作为筹措项目资金及制定建设贷款计划的依据,建设单位可根据批准的项目投资估算额,进行资金筹措和向银行申请贷款。

5)项目投资估算是核算建设项目固定资产投资需要额和编制固定资产投资计划的重要依据。

6)项目投资估算是进行工程设计招标、优选设计方案的依据之一。它也是实行工程限额设计的依据。

3.1.4 投资估算编制内容和深度

1. 投资估算的编制内容

根据国家规定,从满足建设项目投资设计和投资规模的角度,建设项目投资估算包括固定资产投资估算和流动资金估算两部分。

固定资产投资估算的内容按照费用的性质划分,包括建筑安装工程费、设备及工器具购置费、工程建设其他费用、基本预备费、价差预备费、建设期利息、固定资产投资方向调节税等。固定资产投资可分为静态部分和动态部分。价差预备费、建设期利息和固定资产投资方向调节税构成动态投资部分,其余部分为静态投资部分。

流动资金是指生产经营性项目投产后,用于购买原材料、燃料、支付工资及其他经营费用等所需的周转资金。

建设项目投资估算构成如图 3-1 所示。

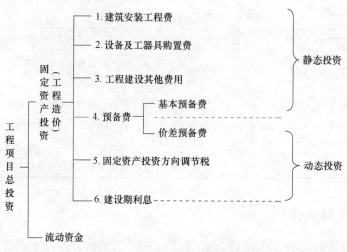

图 3-1 建设项目投资估算构成

一份完整的投资估算文件，应包括投资估算编制说明和投资估算总表。

其中投资估算编制说明应包括：

① 工程概况。

② 编制原则。

③ 编制依据。

④ 编制方法。

⑤ 投资分析。应列出按投资构成划分、按设计专业划分或按生产用途划分的三项投资百分比分析表。

⑥ 主要技术经济指标。如单位产品投资指标等，并与已建成或正在建设的类似项目投资做比较分析，并论述其产生差异的原因。

⑦ 存在问题及改进意见。

投资估算总表是投资估算文件的核心内容，它主要包括建设项目总投资的构成。对于整体性民用工程项目或全厂性工业项目，如住宅小区、机关、学校、医院等，应包括厂（院）区红线以内的主要生产项目、附属项目、室外工程的竖向布置土石方、道路、围墙大门、室外综合管网、构筑物和厂区（庭院）的建筑小区、绿化等工程，还应包括厂区外专用的供水、供电、公路、铁路等工程费用以及为工程建设所发生的其他费用，即从筹建到竣工验收交付使用的全部费用。建设项目投资估算总表见表 3-2。

表 3-2 建设项目投资估算总表

（人民币单位：万元，外币单位：万美元）

序号	工程或费用名称	投资价值						占固定资产投资的比例（%）	备注
		建筑工程	设备购置	安装工程	其他费用	合计	其中外币		
1	工程费用 主要生产项目 ……								

（续）

序号	工程或费用名称	投资价值						占固定资产投资的比例（%）	备注
		建筑工程	设备购置	安装工程	其他费用	合计	其中外币		
1	其他附属项目								
	……								
	工程费用合计								
2	工程建设其他费用								
	……								
3	预备费用								
3.1	基本预备费								
3.2	价差预备费								
4	建设期利息								
5	固定资产投资方向调节税								
6	流动资金								
7	建设投资合计（1+2+3+4+5+6）								

2. 投资估算的编制深度

投资估算的编制深度，应与项目建议书和可行性研究报告的编写深度相适应。

1）对项目建议书阶段，应编制建设项目总估算书，它包括建筑安装工程费的单项工程投资估算、工程建设其他费用估算、预备费的基本预备费和价差预备费估算、固定资产投资方向调节税及建设期利息的估算。

2）对可行性研究报告阶段，应编制出建设项目总估算书、单项工程投资估算。主要工程项目应分别编制每个单位工程的投资估算；对于附属项目和次要项目可简化编制一个单项工程的投资估算（其中包括土建、水、暖、通、电等）；对于其他费用也应按单项费用编制；预备费应分别列出基本预备费和价差预备费；对于应缴固定资产投资方向调节税的建设项目，还应计算固定资产投资方向调节税及建设期利息。

3.1.5　投资估算编制依据及步骤

1. 投资估算依据

1）主管机构发布的建设工程造价费用构成、估算指标、各类工程造价指数及计算方法，以及其他有关计算工程造价的文件。

2）主管机构发布的工程建设其他费用计算办法和费用标准，以及政府部门发布的物价指数。

3）拟建项目的项目特征及工程量，它包括拟建项目的类型、规模、建设地点、时间、总体建筑结构、施工方案、主要设备类型、建设标准等。

2. 投资估算步骤

1）分别估算各单项工程所需的建筑工程费、设备及工器具购置费、安装工程费。

2）在汇总各单项工程费用的基础上，估算工程建设其他费用和基本预备费。

3）估算价差预备费和建设期利息。

4）估算流动资金。

5）汇总得到建设项目总投资估算。

3.2 投资估算编制

编制投资估算首先应分清项目的类型；然后根据该类项目的投资构成列出项目费用名称；进而依据有关规定、数据资料选用一定的估算方法，对各项费用进行估算。具体估算时，一般可分为静态、动态及铺底流动资金三部分的估算。

3.2.1 静态投资的估算

静态投资是建设项目投资估算的基础，所以必须全面、准确地进行分析计算，既要避免少算漏算，又要防止高估冒算，力求切合实际。又因民用建设项目与工业生产项目的出发点及具体方法不同而有显著的区别，一般情况下，工业生产项目的投资估算从设备费用入手，而民用建设项目则往往从建筑工程投资估算入手。

1. 生产能力指数法

根据已建成的、性质类似的建设项目（或生产装置）投资额和生产能力，以及拟建项目（或生产装置）的生产能力，估算同类而不同生产规模的项目投资或其设备投资。拟建项目静态投资额计算公式为

$$C_2 = C_1 \left(\frac{Q_2}{Q_1} \right)^n f \tag{3-1}$$

式中　C_1——已建类似项目的静态投资额；

　　　C_2——拟建项目静态投资额；

　　　Q_1——已建类似项目的生产能力；

　　　Q_2——拟建项目的生产能力；

　　　f——不同时期、不同地点的定额、单价、费用变更等的综合调整系数；

　　　n——生产规模指数，$0 \leqslant n \leqslant 1$。

若已建类似项目（或生产装置）的规模和拟建项目（或生产装置）的规模相差不大，生产能力比值为 0.5 ~ 2.0，则生产规模指数 n 的取值近似为 1。

若已建类似项目（或生产装置）与拟建项目（或生产装置）的规模相差不大于 50 倍，且拟建项目的扩大仅靠增大设备规格来达到时，则 n 取值为 0.6 ~ 0.7；若是靠增加相同规格设备的数量达到时，则 n 的取值为 0.8 ~ 0.9。

采用这种方法，计算简单，速度快；但要求类似工程的资料可靠，条件基本相同，否则误差就会增大。

【例 3-1】　已知建设年产 300kt 乙烯装置的投资额为 60000 万元，试估算建设年产 700kt 乙烯装置的投资额（生产规模指数为 $n = 0.6$，$f = 1.2$）。

【解】　$C_2 = C_1 \left(\frac{Q_2}{Q_1} \right)^n f = 60000\ \text{万元} \times \left(\frac{700\text{kt}}{300\text{kt}} \right)^{0.6} \times 1.2 = 119706.73\ \text{万元}$

【例 3-2】　已知建设日产 10t 氢氰酸装置的投资额为 18000 万元，试估算建设日产 30t

氢氰酸装置的投资额（生产规模指数为 $n=0.25$，$f=1$）。

【解】
$$C_2 = C_1 \left(\frac{Q_2}{Q_1}\right)^n f = 18000 \text{ 万元} \times \left(\frac{30t}{10t}\right)^{0.25} \times 1 = 23689.33 \text{ 万元}$$

【例3-3】 若将设计中化工生产系统的生产能力在原有基础上增加一倍，投资额大约增加多少？

【解】 对于一般未确指的化工生产系统，可按 $n=0.6$ 估计投资额。因此，

$$\frac{C_2}{C_1} = \left(\frac{Q_2}{Q_1}\right)^n = \left(\frac{2}{1}\right)^{0.6} = 1.5$$

计算结果表明，生产能力增加一倍，投资额大约增加50%。

【例3-4】 若将设计中化工生产系统的生产能力提高两倍，投资额大约增加多少？$n=0.6$，$f=1$）。

【解】
$$\frac{C_2}{C_1} = \left(\frac{Q_2}{Q_1}\right)^n = \left(\frac{3}{1}\right)^{0.6} = 1.9$$

计算结果表明，生产能力提高两倍，投资额大约增加90%。

在生产能力指数法中不仅应考虑到建设期内定额、单价和费用变更（即价差）的综合调整系数，同时还应考虑建设期内价差的年增长指数，则可按下式计算

$$C_2 = C_1 \left(\frac{Q_2}{Q_1}\right)^n F_1 F_2$$

$$F_1 = (1+f_1)^m$$

$$F_2 = (1+f_2)^{\frac{N}{2}}$$

式中　F_1——同类型企业总投资修正系数（就是把采用的同类型企业总投资指标调整到编制年度的价格水平）；

　　　f_1——指标编制年度到使用年度间的价差年平均增长指数；

　　　m——指标编制年度至本工程投资编制年度差（年）；

　　　F_2——建设期价差调整系数；

　　　f_2——建设期价差年增长指数；

　　　N——工程建设工期（年）。其余符号同上。

【例3-5】 已知某铜冶炼厂年产25000t，2006年建成，总投资为9500万美元；计划2008年开始拟建同类生产工艺流程的铜冶炼厂，年产22500t，工程建设工期三年，于2011年建成，根据已公布的2006~2008年基建设备和材料价格年平均增长指数为5%，预测建设期三年的设备和材料价格年平均增长指数为4%，运用生产能力指数法估算拟建项目的总投资额。

【解】 已知：$C_1=9500$ 万美元，$Q_1=25000t/$年，$Q_2=22500t/$年，$f_1=5\%$，$m=2$ 年，$f_2=4\%$，$N=3$ 年。

按照上述公式可估算出拟建项目投资额为

$$C_2 = 9500 \text{ 万美元} \times \left(\frac{22500t/\text{年}}{25000t/\text{年}}\right)^{0.6} \times (1+5\%)^2 \times (1+4\%)^{\frac{3}{2}} = 10427.92 \text{ 万美元}$$

2. 比例估算法

比例估算法是将项目的固定资产投资分为设备投资、建筑物与构筑物投资、其他投资

3 部分，先估算出设备的投资额，然后再按一定比例估算出建筑物与构筑物投资及其他投资，最后将 3 部分投资加在一起计算。

1）设备投资估算。设备投资按其出厂价格加上运输费、安装费等，其估算公式如下

$$K_1 = \sum_{i=1}^{n} Q_i P_i (1 + L_i) \tag{3-2}$$

式中　K_1——设备的投资估算值；

　　　Q_i——第 i 种设备所需数量；

　　　P_i——第 i 种设备的出厂价格；

　　　L_i——同类项目同类设备的运输费率；

　　　n——所需设备的种数。

2）建筑物与构筑物投资估算。建筑物与构筑物投资估算公式如下

$$K_2 = K_1 L_b \tag{3-3}$$

式中　K_2——建筑物与构筑物投资的估算值；

　　　L_b——同类项目中建筑物与构筑物投资占设备投资的比例，露天工程取 0.1 ~ 0.2，室内工程取 0.6 ~ 1.0。

3）其他投资估算。其他投资估算公式如下

$$K_3 = K_1 L_w \tag{3-4}$$

式中　K_3——其他投资的估算值；

　　　L_w——同类项目其他投资占设备投资的比例。

则项目固定资产投资总额的估算值 K 的计算公式如下

$$K = (K_1 + K_2 + K_3)(1 + S\%)$$

式中　$S\%$——考虑不可预见因素而设定的费用系数，一般为 10% ~ 15%。

3. 系数估算法

系数估算法也称因子估算法。它是以拟建项目的主体工程费或主要设备购置费为基数，以其他工程费与主体工程费或主要设备购置费的百分比为系数，依此估算拟建项目静态投资的方法。我国常用的方法是设备系数法和主体专业系数法，世界银行项目投资估算的常用的方法是朗格系数法。

1）设备系数法。以拟建项目的设备购置费为基数，根据已建成的同类项目的建筑安装费和其他工程费等占设备价值的百分比，求出拟建项目的建筑安装费及其他工程费，再加上拟建项目的其他费用，其总和即为项目的静态投资。设备系数法计算公式如下

$$C = E(1 + f_1 P_1 + f_2 P_2 + f_3 P_3) + I \tag{3-5}$$

式中　　　C——拟建项目的静态投资额；

　　　　　E——拟建项目根据当时当地价格计算的设备购置费；

P_1、P_2、P_3——已建项目中建筑安装工程费及其他工程费用与设备购置费的比例；

　f_1、f_2、f_3——由于时间地点因素引起的定额、价格、费用标准等变化的综合调整系数；

　　　　　I——拟建项目的其他费用。

2）主体专业系数法。以拟建项目中的最主要、投资比重较大并与生产规模直接相关的工艺设备的投资（包括运杂费及安装费）为基数，根据同类型的已建项目的有关统计资料，计算出拟建项目的各专业工程（总图、土建、暖通、给水排水、管道、电气及电信、自控

及其他工程费用等）占工艺设备投资的百分比，据以求出各专业的投资，然后把各部分投资费用（包括工艺设备费）相加求和，再加上拟建项目的其他费用，即为项目的总费用。主体专业系数法计算公式如下

$$C = E(1 + f_1 P_1' + f_2 P_2' + f_3 P_3' + \cdots) + I \tag{3-6}$$

式中　　C——拟建项目的静态投资额；

E——拟建项目根据当时当地价格计算的设备购置费；

P_1'、P_2'、P_3'——拟建项目中各专业工程费用占工艺设备费用的百分比；

I——拟建项目的其他费用。

3）朗格系数法。这种方法是以设备费购置费为基数，乘以适当系数来推算项目的静态投资。朗格系数法计算公式如下

$$C = E(1 + \sum K_i)K_E \tag{3-7}$$

式中　　C——拟建项目的静态投资额；

E——拟建项目根据当时当地价格计算的设备购置费；

K_i——管线、仪表、建筑物等项费用的估算系数；

K_E——管理费、合同费、应急费等间接费的总估算系数。

静态投资与设备购置费之比为朗格系数 K_L，即

$$K_L = (1 + \sum K_i)K_E \tag{3-8}$$

这种方法比较简单，但没有考虑设备规格、材质的差异，所以精确度不高。

4. 指标估算法

对于房屋、建筑物可根据有关部门编制的各种具体的投资估算指标，进行单位工程投资的估算。投资估算指标的表示形式较多，可用元/m、元/m²、元/m³、元/t、元/kV·A 等单位来表示。利用这些投资估算指标，乘以所需的长度、面积、体积、质量、容量等，就可以求出相应的土建工程、给排水工程、照明工程、采暖工程、变配电工程等各种单位工程的投资额。在此基础上，可汇总成某一单项工程的投资额，再估算工程建设其他费用等，即求得投资总额。

在实际工作中，要根据国家有关规定、投资主管部门或地区主管部门颁布的估算指标，结合工程的具体情况编制。若套用的指标与具体工程之间的标准或条件有差异时，应加以必要的换算或调整；使用的指标单位应密切结合每个单位工程的特点，能正确反映其设计参数。

指标估算法简便易行，但由于项目相关数据的确定性较差，投资估算的精确度较低。

【例3-6】 某水电站装机总容量1800MW，年发电量88.48亿 kW·h，电站枢纽由拦河重力坝、溢流坝、引水隧洞、压力管道、地下厂房、主变洞室及尾水调压井等水工建筑物组成。

【解】 根据相关资料计算出：

1）该工程的总估算表，见表3-3。

表3-3　总估算表

（单位：万元）

编号	工程或费用名称	建安工程费	设备购置费	其他费用	合　计	占投资额
	第一部分　建筑工程	265242			265242	43.26%
一	挡水工程	128548			128548	
二	防空洞工程	4015			4015	

（续）

编号	工程或费用名称	建安工程费	设备购置费	其他费用	合　计	占投资额
三	引水工程	14935			14935	
四	发电厂工程	57770			57770	
五	升压变电站工程	5250			5250	
六	过水筏道工程	15000			15000	
七	水库防渗处理	2064			2064	
八	交通工程	23391			23391	
九	房屋建筑	1638			1638	
十	其他工程	12631			12631	
	第二部分　机电设备及安装工程	22175	127323		149498	24.38%
一	主要机电设备及安装工程	13320	86364		99684	
二	其他机电设备及安装工程	8855	13891		22746	
三	设备储备贷款利息		27068		27068	
	第三部分　金属结构设备及安装工程	16155	22310		38465	6.27%
一	泄洪工程	675	3745		4420	
二	引水工程	14624	3490		18114	
三	发电厂工程	426	1732		2158	
四	过水筏道工程	430	8600		9030	
五	设备储备贷款利息		4743		4743	
	第四部分　临时工程	101389			101389	16.54%
一	导流工程	45049			45049	
二	交通工程	12166			12166	
三	场外供电线路工程	1200			1200	
四	缆机平台	550			550	
五	房屋建筑工程	15578			15578	
六	其他临时工程	26846			26846	
	第五部分　水库淹没处理补偿费			1441	1441	0.24%
一	农村移民安置迁建费			1389	1389	
二	城镇迁建补偿费					
三	专业项目恢复改建费			31	31	
四	库底清理费			21	21	
五	防护工程费					
六	环境影响补偿费					
	第六部分　其他费用			57138	57138	9.32%
一	建设管理费			6602	6602	
二	生产准备费			2277	2277	
三	科研勘设费			20499	20499	

（续）

编号	工程或费用名称	建安工程费	设备购置费	其他费用	合 计	占投资额
四	其他费用			27760	27760	
	一至六部分合计				613173	100.00%
	编制期价差				137991	
	基本预备费				90140	
	静态总投资				841304	
	建设期价差预备费				298796	
	建设期利息				640597	
	总投资				1780697	
	开工至第一台机组发电期内静态投资				763843	
	开工至第一台机组发电期内总投资				1306424	

2）该工程的建筑工程估算表（只列出部分），见表3-4。

表3-4 建筑工程估算表

编 号	工程或费用名称	单 位	数 量	综合单价/元	合价/万元
	第一部分 建筑工程				265241.29
一	挡水工程				128535.80
1	覆盖层开挖	m³	601800	24.52	1475.61
2	土石方开挖	m³	2034000	53.81	10944.95
3	挖石方洞	m³	2800	168.41	47.15
4	常态混凝土	m³	1193600	395.88	47252.24
5	碾压混凝土	m³	1750000	263.84	46172.00
6	固结灌浆	m³	107000	314.52	3365.36
7	帷幕灌浆	m³	43800	518.77	2272.21
8	钢筋制安	t	23232	5702.81	13248.77
9	锚杆 $L=5m$，$\phi 25mm$	根	5395	214.39	115.66
10	排水孔	m	14500	132.38	191.95
11	其他工程	m³	2943600	11.72	3449.90
二	防空洞工程				4014.54
1	土石方开挖	m³	36800	45.10	165.97
2	挖石方洞	m³	52200	144.09	752.15
3	常态混凝土	m³	52500	516.28	2710.47
4	回填灌浆	m³	4200	93.74	39.37
5	钢筋制安	t	505	5702.81	287.99
6	其他工程	m³	52500	11.16	58.59
三	引水工程				15197.78
1	土石方开挖	m³	263000	60.74	1597.46

（续）

编　号	工程或费用名称	单　位	数　量	综合单价/元	合价/万元
2	挖石方洞	m³	175000	183.84	3217.20
3	常态混凝土	m³	197000	444.60	8758.62
4	隧洞回填灌浆	m³	25500	87.52	223.18
5	压力钢筋回填灌浆	m³	5700	81.27	46.32
6	固结灌浆	m³	7500	164.63	123.47
7	钢筋制安	t	1774	5702.81	1011.68
8	其他工程	m³	197000	11.16	219.85
四	……				

总之，静态投资的估算并没有固定的公式，在实际工作中，只要有了项目组成部分费用数据，就可考虑用各种适合的方法来估算。需要指出的是，这里所说的虽然是静态投资，但它也是有一定时间性的，应该统一按某一确定的时间来计算，特别是对编制时间距开工时间较远的项目，一定要以开工前一年为基准年，以这一年的价格为依据计算，按照近年的价格指数将编制年的静态投资进行适当地调整，否则就会失去基准作用，影响投资估算的准确性。

3.2.2　动态投资的估算

动态投资估算主要包括由于价格变动可能增加的投资额（即价差预备费）、建设期利息和固定资产投资方向调节税。对于涉外项目还应考虑汇率的变化对投资的影响。

动态投资的估算应以基准年静态投资的资金使用计划为基础来计算以上各种变动因素，而不是以编制年的静态投资为基础计算。

1. 价差预备费的估算

价差预备费是指从估算年到项目建成期间内，预留的因物价上涨而引起的投资费用增加额。

价差预备费的估算方法，一般根据国家规定的投资综合价格指数，按估算年份价格水平的投资额为基数，采用复利方法计算，有两种计算方法。

1）第一种方法。当投资估算的年份与项目开工年份是在同一年时，则按下式估算

$$PF = \sum_{t=1}^{n} I_t [(1 + f)^t - 1] \qquad (3-9)$$

式中　PF——价差预备费；

$\quad\quad I_t$——估算静态投资中第 t 年的投入的工程费用；

$\quad\quad n$——建设期年份数；

$\quad\quad f$——年涨价率；

$\quad\quad t$——施工年度。

式（3-9）中的估算静态投资中第 t 年的投入的工程费用 I_t 可由建设项目资金来源与使用计划表中得出，年涨价率可根据工程造价指数信息的累积分析得出。

【例 3-7】　某项目的静态投资为 42280 万元，项目计划当年开工建设，项目建设期为 3 年，3 年的投资分年使用比例为第一年 20%，第二年 55%，第三年 25%，建设期内年涨价率为 6%，估计该项目建设期的价差预备费。

【解】　第一年投入的工程费用

$$I_1 = 42280 \text{ 万元} \times 20\% = 8456 \text{ 万元}$$

第一年价差预备费

$$PF_1 = I_1[(1+f)-1] = 8456 \text{ 万元} \times [(1+6\%)-1] = 507.36 \text{ 万元}$$

第二年投入的工程费用

$$I_2 = 42280 \text{ 万元} \times 55\% = 23254 \text{ 万元}$$

第二年价差预备费

$$PF_2 = I_2[(1+f)^2-1] = 23254 \text{ 万元} \times [(1+6\%)^2-1] = 2874.2 \text{ 万元}$$

第三年投入的工程费用

$$I_3 = 42280 \text{ 万元} \times 25\% = 10570 \text{ 万元}$$

第三年价差预备费

$$PF_3 = I_3[(1+f)^3-1] = 10570 \text{ 万元} \times [(1+6\%)^3-1] = 2019.04 \text{ 万元}$$

所以，建设期的价差预备费为

$$PF = PF_1 + PF_2 + PF_3 = 507.36 \text{ 万元} + 2874.2 \text{ 万元} + 2019.04 \text{ 万元} = 5400.60 \text{ 万元}$$

2）第二种方法。当投资估算的年份与项目开工年份相隔一年以上的项目，则按下式估算

$$PF = \sum_{t=1}^{n} I_t[(1+f)^m(1+f)^{0.5}(1+f)^{t-1}-1] \tag{3-10}$$

式中　PF——价差预备费；

　　　n——建设期年份数；

　　　I_t——估算静态投资中第 t 年的投入的工程费用；

　　　f——年涨价率；

　　　m——建设前期年限（从编制估算到开工建设，单位：年）；

　　　t——施工年度。

【例3-8】　某项目的静态投资为3600万元，按项目进度计划，项目建设期为3年，2011年进行项目投资估算，2013年开始建设。三年的投资分年使用比例为第一年20%，第二55%，第三年25%，建设期内年涨价率为6%，估算该项目建设期的价差预备费。

【解】　该项目从编制估算到开工建设相差2年，则有 $m=2$ 年，应使用式（3-10）计算。

第一年完成投资 $=3600$ 万元 $\times 20\% = 720$ 万元

第一年投资的价差预备费

$$PF_1 = 720 \text{ 万元} \times [(1+6\%)^2 \times (1+6\%)^{0.5}-1] = 720 \text{ 万元} \times 0.157 = 113.04 \text{ 万元}$$

第二年完成投资 $=3600$ 万元 $\times 55\% = 1980$ 万元

第二年投资的价差预备费

$$PF_2 = 1980 \text{ 万元} \times [(1+6\%)^2 \times (1+6\%)^{0.5} \times (1+6\%)-1] = 1980 \text{ 万元} \times 0.226 = 447.48 \text{ 万元}$$

第三年完成投资 $=3600$ 万元 $\times 25\% = 900$ 万元

第三年投资的价差预备费

$$PF_3 = 900 \text{ 万元} \times [(1+6\%)^2 \times (1+6\%)^{0.5} \times (1+6\%)^2-1] = 900 \text{ 万元} \times 0.30 = 270.00 \text{ 万元}$$

因此，建设期的涨价预备费为

$$113.04 \text{ 万元} + 447.48 \text{ 万元} + 270.00 \text{ 万元} = 830.52 \text{ 万元}$$

2. 建设期利息估算

建设期利息是指建设期内发生为工程项目筹措资金的融资费用及债务资金利息。

利息计算中采用的利率，应为有效利率。有效利率与名义利率的换算公式为

$$i_{有效} = \left(1 + \frac{r}{m}\right)^m - 1 \tag{3-11}$$

式中　$i_{有效}$——有效年利率；

　　　　r——名义年利率；

　　　　m——每年计息次数。

【例3-9】　设名义年利率 $r = 10\%$，求年、半年、季度、月度、日的有效年利率。

【解】　计算过程及结果见表3-5。

表3-5　有效年利率计算表

名义年利率	计息期	年计息次数 m	计息期利率 I ($I = r/m$)	有效年利率 $i_{有效}$
10%	年	1	10%	10%
	半年	2	5%	10.25%
	季度	4	2.5%	10.38%
	月度	12	0.833%	10.46%
	日	365	0.0274%	10.51%

建设期利息包括向国内银行和其他非银行金融机构贷款、出口信贷、外国政府贷款、国际商业银行贷款以及在境内外发行的债券等在建设期内应偿还的借款利息。借款利息在建设期内只计不还。一般对国内借款的建设期利息有两种计算方法。

1）第一种方法。由独家投资对于贷款总额每年一次性贷出（如年初）且利率固定的贷款，按下式计算

$$F = P(1 + i)^n \tag{3-12}$$

$$q = F - P = P\left[(1 + i)^n - 1\right] \tag{3-13}$$

式中　F——建设期贷款的本利和；

　　　P——年初一次性贷款金额；

　　　q——贷款利息；

　　　i——贷款年利率；

　　　n——贷款期限。

【例3-10】　某新建项目，建设期为3年，每年年初贷款分别为300万元、600万元和400万元，年利率为12%，用复利法计算第3年末需支付的贷款利息。

【解】　$q = 300$ 万元 $\times \left[(1 + 0.12)^3 - 1\right] + 600$ 万元 $\times \left[(1 + 0.12)^2 - 1\right] +$

　　　　　　400 万元 $\times \left[(1 + 0.12)^1 - 1\right]$

　　　　$= (121.48 + 152.64 + 48)$ 万元

　　　　$= 322.12$ 万元

2）第二种方法。当贷款是分年度均衡发放时，建设期利息的计算可按当年贷款在年中支用考虑，即为当年贷款按半年计息，上年贷款按全年计息，还款当年按年末还款，按全年

计息。计算公式为

$$本年应计利息 = \left(年初借款累计 + \frac{1}{2} \times 当年贷款额 \right) \times 年有效利率 \quad (3-14)$$

$$q_j = \left(P_{j-1} + \frac{1}{2}A_j \right) \cdot i \quad (3-15)$$

式中　q_j——建设期第 j 年应计利息；

　　　P_{j-1}——建设期第 $j-1$ 年末累计贷款本金与利息之和；

　　　A_j——建设期第 j 年贷款金额；

　　　i——年利率。

【例3-11】 某工程项目估算的静态投资为31240万元，根据项目实施进度规划，项目建设期为3年，3年的投资分年使用比例分别为30%、50%、20%，其中各年投资中贷款比例为年投资的20%，预计建设期中3年的贷款利率分别为5%、6%、6.5%，试求该项目建设期内的贷款利息。

【解】 第一年利息 $= \left(0 + 31240 万元 \times 30\% \times 20\% \times \frac{1}{2} \right) \times 5\% = 46.86 万元$

第二年利息 $= \left(31240 万元 \times 30\% \times 20\% + 46.86 万元 + 31240 万元 \times 50\% \times 20\% \times \frac{1}{2} \right) \times 6\%$
$= 209.00 万元$

第三年利息 $= \left(31240 万元 \times 30\% \times 20\% + 46.86 万元 + 209.00 万元 + 31240 万元 \times 20\% \times 20\% \times \frac{1}{2} \right) \times$
$6.5\% = 179.08 万元$

建设期利息合计为
$$46.86 万元 + 209.00 万元 + 179.08 万元 = 434.94 万元$$

国外借款的利息计算中，还应包括国外贷款银行根据贷款协议向借款方以年利率的方式收取的手续费、管理费和承诺费；以及国内代理机构经国家主管部门批准的，以年利率的方式向贷款方收取的转贷费、担保费和管理费等资金成本费用。为简化计算，可采用适当提高利率的方法进行处理和计算。

3. 固定资产投资方向调节税

固定资产投资方向调节税按照《中华人民共和国固定资产投资方向调节税暂行条例》、国家计委、国家税务局《关于实施〈中华人民共和国固定资产投资方向调节税暂行条例〉的若干补充规定》（计投资〔1991〕1045号）及国家税务局颁发的《中华人民共和国固定资产投资方向调节税暂行条例实施细则》（国税发〔1991〕113号）的规定计算。

1）固定资产投资方向调节税计算公式。

① 基本建设项目的固定资产投资方向调节税应按下式计算

固定资产投资方向调节税 =（工程费用 + 其他费用 + 预备费）× 固定资产投资方向调节税税率

$$(3-16)$$

② 技术改造项目的固定资产投资方向调节税应按下式计算

固定资产投资方向调节税 =［建筑工程费 +（其他费用 + 预备费）×

建筑工程费/工程费用]×固定资产投资方向调节税税率

$$(3-17)$$

2）税率。固定资产投资方向调节税的税率，根据国家产业政策和项目经济规模实行差别税率，税率为 0%、5%、10%、15%、30% 五个档次。

差别税率按两大类设计：一是基本建设项目的固定资产投资，设计了四档税率，即 0%、5%、15%、30%；二是更新改造项目投资，设计了两档税率，即 0%、10%。对单位修建、购买一般性住宅商品房投资，实行 5% 的底税率。而对高标准住宅和楼堂馆所的投资科以重税 30%。

3）计税依据。固定资产投资方向调节税以固定资产投资项目实际完成投资额为计税依据。实际完成投资额包括：建筑安装工程费、设备及工器具购置费、工程建设其他费及预备费。但更新改造项目是以建筑工程实际完成投资额为计税依据。

3.2.3　铺底流动资金估算

铺底流动资金是保证项目投产后，能正常生产经营所需要的最基本的周转资金数额。铺底流动资金是项目总投资中流动资金的一部分，在项目决策阶段，就要求落实这部分资金。铺底流动资金的计算公式为

$$铺底流动资金 = 流动资金 \times 30\% \qquad (3-18)$$

该部分的流动资金是指项目建成后，为保证项目正常生产或服务运营所必需的周转资金。它的估算对于项目规模不大且同类资料齐全的可采用分项估算法，其中包括劳动工资、原材料、燃料动力等部分；对于大项目及设计深度浅的项目可采用指标估算法。一般有以下几种方法：

1. 扩大指标估算法

1）按产值（或销售收入）资金率估算。一般加工工业项目大多采用产值（或销售收入）资金率进行估算。

$$流动资金额 = 年产值(年销售收入额) \times 产值(销售收入)资金率 \qquad (3-19)$$

【例 3-12】　已知某项目的年产值为 2500 万元，其类似企业百元产值的流动资金占用率为 20%，则该项目的流动资金应为

$$2500\ 万元 \times 20\% = 500\ 万元$$

2）按经营成本（或总成本）资金率估算。由于经营成本（或总成本）是一项综合性指标，能反映项目的物资消耗、生产技术和经营管理水平以及自然资源条件的差异等实际状况，一些采掘工业项目常采用经营成本（或总成本）资金率估算流动资金。

$$流动资金额 = 年经营成本(年总成本) \times 经营成本(总成本)资金率 \qquad (3-20)$$

【例 3-13】　某企业年经营成本为 4000 万元，经营成本资金率取 35%，则该企业的流动资金额为

$$4000\ 万元 \times 35\% = 1400\ 万元$$

3）按固定资产价值资金率估算。有些项目如火电厂可按固定资产价值资金率估算流动资金。

$$流动资金额 = 固定资产价值总额 \times 固定资产价值资金率 \qquad (3-21)$$

固定资产价值资金率是流动资金占固定资产价值总额的百分比。例如：化工项目流动资金约占固定资产投资的 15%～20%，一般工业项目流动资金约占固定资产投资的 5%～12%。

4）按单位产量资金率估算。有些项目如煤矿，按吨煤资金率估算流动资金。

$$流动资金额 = 年生产能力 \times 单位产量资金率 \tag{3-22}$$

2. 分项详细估算法

分项详细估算法是根据周转额与周转速度之间的关系，对构成流动资金的各项流动资产和流动负债分别进行估算。在可行性研究中，为简化计算，仅对存货、现金、应收账款和应付账款四项内容进行估算，计算公式为

$$流动资金 = 流动资产 - 流动负债 \tag{3-23}$$

其中：

$$流动资产 = 现金 + 存货 + 应收账款 \tag{3-24}$$

$$流动负债 = 应付账款 \tag{3-25}$$

式中的现金、存货、应收账款、应付账款的计算分别如下所述：

1）现金的估算。

$$现金 = \frac{年工资 + 年福利费 + 年其他费}{年现金周转次数} \tag{3-26}$$

其中：年其他费 = 制造费用 + 管理费用 + 营业费用 − （前3项中所含的工资及福利费、折旧费、维简费、摊销费、修理费）

2）存货的估算。

$$存货 = 外购原材料、燃料 + 在产品占用资产 + 产成品占用资金 \tag{3-27}$$

其中：

$$外购原材料、燃料 = \frac{年外购材料燃料费用}{年原材料、燃料周转次数}$$

$$在产品占用资产 = \frac{年外购原材料、燃料费 + 年工资福利费 + 年修理费 + 年其他费用}{年在产品周转次数}$$

$$产成品占用资金 = \frac{年经营成本}{年产成品周转次数}$$

3）应收账款的估算。

$$应收账款 = \frac{年销售收入}{年应收账款周转次数} \tag{3-28}$$

4）流动负债的估算。

$$流动负债 = 应付账款 = \frac{年外购原材料 + 年外购燃料动力费}{年周转次数} \tag{3-29}$$

其中，周转次数是指流动资金的各个构成项目在一年内完成多少个生产过程，用一年天数（通常按360天计算）除以流动资金的最低周转天数计算。

3. 流动资金估算应注意以下问题

1）在采用分项详细估算法时，需要分别确定现金、应收账款、存货和应付账款的最低周转天数。在确定周转天数时要根据实际情况，并考虑一定的保险系数。对于存货中的外购原材料、燃料要根据不同品种和来源，考虑运输方式和运输距离等因素确定。

2）不同生产负荷下的流动资金是按照相应负荷时的各项费用金额和给定的公式计算出来的，而不能按100%负荷下的流动资金乘以负荷百分数求得。

3）流动资金属于长期性（永久性）资金，流动资金的筹措可通过长期负债和资本金（权益融资）方式解决。流动资金借款部分的利息应计入财务费用。项目计算期末应收回全部流动资金。

3.2.4 投资估算编制案例

【例3-14】 东海大学教师住宅小区投资估算。

项目地址：东海大学（某省会城市）校区附近，土地面积约38.4亩（25600m²）。

工程概况：8栋12层小高层住宅楼，初级装修，框架结构，地质条件较好，采用人工挖孔桩基础，无地下室，场地平坦，交通便利，现场施工条件良好。

总建筑面积：64000m²。

容积率：2.5。

绿化率：>35%。

工期：两年。

【解】 （1）建筑安装工程费估算。

根据拟建工程的结构特点及装饰标准，结合本地区工程造价资料及市场状况，按指标估算法估算如下：

1）主要建筑物建安工程费。它包括拟建住宅楼的土建、给排水、电气照明等单位工程建筑安装费用，按每平方米1020元计，其估算额为

$$1020 \text{ 元/m}^2 \times 64000\text{m}^2 = 6528 \text{ 万元}$$

2）室外工程费。它包括道路、绿化景观、围墙、排污管、各种管沟工程以及水、电、天然气等配套工程费用，按每平方米200元计，其估算额为

$$200 \text{ 元/m}^2 \times 64000\text{m}^2 = 1280 \text{ 万元}$$

建筑安装工程费合计

$$6528 \text{ 万元} + 1280 \text{ 万元} = 7808 \text{ 万元}$$

（2）设备及工器具购置费（含设备安装工程费）估算。

它包括电梯（广州奥梯斯）、泵房变频设备等购置及安装费用。按每平方米120元计，其估算额为

$$120 \text{ 元/m}^2 \times 64000\text{m}^2 = 768 \text{ 万元}$$

（3）工程建设其他费用估算。

根据相关的政策和法规，结合本地区工程造价资料及市场状况，按指标估算法估算如下：

1）土地使用费。它包括土地出让金、城市建设配套费、拆迁安置补偿费、手续费及税金等费用。本建设项目计划用地38.4亩，按当地包干价每亩80万元计，其估算额为

$$38.4 \text{ 亩} \times 80 \text{ 万元/亩} = 3072 \text{ 万元}$$

2）勘察设计费。按每平方米40元计，其估算额为

$$40 \text{ 元/m}^2 \times 64000\text{m}^2 = 256 \text{ 万元}$$

3）建设单位临时设施费。暂按40万元计算。

4）工程监理、招投标代理等费用。按照建筑安装工程费的1.5%计，其估算额为

$$7808 \text{ 万元} \times 1.5\% = 117.12 \text{ 万元}$$

5）市政设施配套费、工程建设报建、质量监督等手续费。该部分属于政策性费用，应按当地政府有关收费标准计算。本项目按每平方米58元计算，其估算额为

$$58 \text{ 元/m}^2 \times 64000\text{m}^2 = 371.2 \text{ 万元}$$

6）白蚁防治、水电增容等费用。按当地有关收费标准计算。本项目按每平方米60元计算，其估算额为

$$60 \ 元/m^2 \times 64000 m^2 = 384 \ 万元$$

7）人防易地建设费。该工程未建防空地下室，按当地政府有关收费标准计算。本项目按照地面以上建筑面积的3%和1500元/m²标准减半（集资建房）交纳人防易地建设费，其估算额为

$$1500 \ 元/m^2 \times 0.5 \times 64000 m^2 \times 3\% = 144 \ 万元$$

工程建设其他费用合计

$$3072 \ 万元 + 256 \ 万元 + 40 \ 万元 + 117.12 \ 万元 + 371.2 \ 万元 +$$
$$384 \ 万元 + 144 \ 万元 = 4384.32 \ 万元$$

（4）预备费用估算。

预备费用包括基本预备费、价差预备费，按照建筑安装工程费、设备及工器具购置费和工程建设其他费用之和的3%计算，其估算额为

$$(7808 + 768 + 4384.32) \ 万元 \times 3\% = 388.81 \ 万元$$

（5）建设期利息估算。

1）贷款利息。本项目需贷款5000万元，贷款期限定为2年。根据项目实施进度规划，项目建设期为2年，其投资分年使用比例分别为60%、40%，预计贷款利率为6%，贷款利息估算额为

$$第一年利息 = (0 + 5000 \ 万元 \times 60\% \times 0.5) \times 6\% = 90 \ 万元$$
$$第二年利息 = (5000 \ 万元 \times 60\% + 90 \ 万元 + 5000 \ 万元 \times 40\% \times 0.5) \times 6\% = 245.4 \ 万元$$

建设期贷款利息合计

$$90 \ 万元 + 245.4 \ 万元 = 335.4 \ 万元$$

2）融资成本。融资成本按照贷款利息的10%计算，其估算额为

$$335.4 \ 万元 \times 10\% = 33.54 \ 万元$$

筹资费用小计

$$335.4 \ 万元 + 33.54 \ 万元 = 368.94 \ 万元$$

（6）固定资产投资方向调节税估算。

此项费用暂停征收，暂不估算。

投资费用总额为

$$7808 \ 万元 + 768 \ 万元 + 4384.32 \ 万元 + 388.81 \ 万元 + 368.94 \ 万元 = 13718.07 \ 万元$$

单方造价为

$$\frac{137180700}{64000} 元/m^2 = 2143.45 \ 元/m^2$$

投资费用估算汇总见表3-6。

表3-6 东海大学教师住宅小区投资费用估算汇总

序　　号	项目或费用名称	投资金额/万元	备　　注
一	建筑安装工程费	7808	
1	主要建筑物建安工程费	6528	

（续）

序　号	项目或费用名称	投资金额/万元	备　注
2	室外工程费	1280	
二	设备及工器具购置费（包括设备安装工程费）	768	
三	工程建设其他费用	4384.32	
1	土地使用费	3072	
2	勘察设计费	256	
3	建设单位临时设施费	40	
4	工程监理、招投标代理等费用	117.12	
5	市政设施配套费、工程建设报建、质量监督等手续费	371.2	
6	白蚁防治、水电增容等费用	384	
7	人防易地建设费	144	
四	预备费用	388.81	
五	建设期利息	368.94	
1	贷款利息	335.4	
2	融资成本	33.54	
六	固定资产投资方向调节税	不计	暂停征收
七	项目投资费用估算总额	13718.07	

单方造价：13718.07 万元 $\div 64000m^2 = 2143.45$ 元/m^2

【例3-15】　云南省在投资估算编制时，适用于当地的工程建设其他费用计算办法和费用标准见表3-7、表3-8。

表3-7　云南省关于工程建设其他费用计算办法的相关规定

序号	费用名称	计 算 方 法				政 策 依 据
1	建设单位管理费	工程总概算/万元	费率（%）	算例（单位：万元）		财建［2002］394号文件《关于印发〈基本建设财务管理规定〉的通知》
				工程总概算	建设单位管理费	
		1000以下	1.5	1000	$1000 \times 1.5\% = 15$	
		1001~5000	1.2	5000	$15 + (5000 - 1000) \times 1.2\% = 63$	
		5001~10000	1.0	10000	$63 + (10000 - 5000) \times 1.0\% = 113$	
		10001~50000	0.8	50000	$113 + (50000 - 10000) \times 0.8\% = 433$	
		50001~100000	0.5	100000	$433 + (100000 - 50000) \times 0.5\% = 683$	
		100001~200000	0.2	200000	$683 + (200000 - 100000) \times 0.2\% = 883$	
		200000以上	0.1	280000	$883 + (280000 - 200000) \times 0.1\% = 963$	
2	勘察设计费	按照差额定率分档累进方式计算				国家计委、原建设部计价格［2002］10号文件《关于发布〈工程勘察设计收费管理规定〉的通知》

（续）

序号	费用名称	计算方法	政策依据
3	施工图审查费	以设计合同所载的勘察设计费为基数按工程概算价（M）分段乘费率计收，分段费率如下： $M < 500$ 万元，最高不超过 14%。 500 万元 $\leq M < 1000$ 万元，最高不超过 12%。 1000 万元 $\leq M < 5000$ 万元，最高不超过 10%。 5000 万元 $\leq M < 10000$ 万元，最高不超过 9%。 10000 万元 $\leq M < 30000$ 万元，最高不超过 8%。 30000 万元 $\leq M < 80000$ 万元，最高不超过 7%。 80000 万元 $\leq M < 200000$ 万元，最高不超过 6%。 200000 万元 $\leq M$，最高不超过 5%	云发改价格[2008]1176号文件《关于施工图设计文件审查收费标准有关问题的通知》

序号	费用名称	计算方法			政策依据
4	建设监理费	序号	计费额/万元	收费基价/万元	国家发改委、建设部发改价格[2007]670号文件《关于印发〈建设工程监理与相关服务收费管理规定〉的通知》
		1	500	16.5	
		2	1000	30.1	
		3	3000	78.1	
		4	5000	120.8	
		5	8000	181.0	
		6	10000	218.6	
		7	20000	393.4	
		8	40000	708.2	
		9	60000	991.4	
		10	80000	1255.8	
		11	100000	1507.0	
		12	200000	2714.5	
		13	400000	4882.6	
		14	600000	6835.6	
		15	800000	8658.4	
		16	1000000	10390.1	
		注：计费额大于1000000万元的，以计费额乘以1.039%的收费率计算			

序号	费用名称	估算投资额	3千万~1亿元	1亿元~5亿元	5亿元~10亿元	10亿元~50亿元	50亿元以上	政策依据
5	建设项目前期工作咨询费	1. 编制项目建设书/万元	6~14	14~37	37~55	55~100	100~125	国家计委计价格[1999]1283号文件《关于发布〈建设项目前期工作咨询收费暂行规定〉的通知》
		2. 编制可行性研究报告/万元	12~28	28~75	75~110	110~200	200~250	
		3. 评估项目建设书/万元	4~8	8~12	12~15	15~17	17~20	
		4. 评估可行性研究报告/万元	5~10	10~15	15~20	20~25	25~35	

（续）

序号	费用名称	计算方法						政策依据
6	工程招投标代理费	中标金额/万元			工程招标代理费率			国家计委计价格［2002］1980号文件《关于〈招标代理服务收费管理暂行办法〉的通知》
		100 以下			1.0%			
		100 ~ 500			0.7%			
		500 ~ 1000			0.55%			
		1000 ~ 5000			0.35%			
		5000 ~ 10000			0.2%			
		10000 ~ 100000			0.05%			
		100000 以上			0.01%			
7	环评费	估算投资额/万元	0.3 以下	0.3 ~ 2	2 ~ 10	10 ~ 50	50 ~ 100	100 以上	云南省环保局［2002］125号文件《关于环评费计取规定》
		编制环境影响报告书（含大纲)/万元	5 ~ 6	6 ~ 15	15 ~ 35	35 ~ 75	75 ~ 110	110 以上	
		编制环境影响报告表/万元	1 ~ 2	2 ~ 4	4 ~ 7	7 以上			
		评估环境影响报告书（含大纲)/万元	0.8 ~ 1.5	1.5 ~ 3	3 ~ 7	7 ~ 9	9 ~ 13	13 以上	
		评估环境影响报告表/万元	0.5 ~ 0.8	0.8 ~ 1.5	1.5 ~ 2	2 以上			
8	城市基础设施配套	1）容积率大于2的普通商品房按建筑面积80 元/m² 征收 2）容积率大于1小于2（含2）的普通商品房按建筑面积120 元/m² 征收 3）容积率小于1（含1）的普通商品房按建筑面积240 元/m² 征收 4）商业、商务等非住宅按建筑面积160 元/m² 征收 5）工业及其他用房按建筑面积80 元/m² 征收						云南省发改委、云南省财政厅批复的云发改价格［2009］550号文件《关于调整昆明市城市基础设施配套费征收标准的通知》
9	建设工程造价咨询服务费	按照差额定率分档累进方式计算，详见表 3-8						云价综合［2012］66号文件《云南省物价局关于调整建设工程造价咨询服务收费标准的通知》

表3-8 云南省建设工程造价咨询服务收费基准费率表

序号	咨询项目名称		收费基数 X	分档累计划分标准/万元							备注
				$X \leqslant 200$	$200 < X \leqslant 500$	$500 < X \leqslant 2000$	$2000 < X \leqslant 5000$	$5000 < X \leqslant 10000$	$10000 < X \leqslant 50000$	$X > 50000$	
1	投资估算编制或审核		建设项目编制成果金额	1‰	0.9‰	0.8‰	0.6‰	0.4‰	0.2‰	0.1‰	
2	设计概算编制或审核			2‰	1.8‰	1.6‰	1.5‰	1.0‰	0.8‰	0.5‰	
3	工程预算编制或审核		单独出具编制成果的造价金额	3.5‰	3.2‰	3.0‰	2.2‰	2.0‰	1.8‰	1.5‰	
4	招标工程量清单编制或审核		拦标价金额	3.5‰	3.3‰	3.0‰	2.5‰	2.0‰	1.5‰	1.0‰	
5	工程量清单计价文件编制或审核			2‰	1.8‰	1.6‰	1.5‰	1.4‰	1.2‰	1.0‰	
6	工程结算编制		单独出具编制成果的造价金额	4‰	3.5‰	3‰	2.8‰	2.5‰	2.3‰	1.8‰	
7	竣工决算编审			2‰	1.5‰	1.2‰	1.1‰	1.0‰	0.8‰	0.6‰	
8	工程结算审核	基本费	委托审核的造价金额	4‰	3.5‰	3‰	2.5‰	2.0‰	1.5‰	1‰	
		成效附加费	审核差异超过核定造价5%之外的金额	5%							审核差异在核定造价5%以内的金额不计
9	施工阶段全过程造价控制		管控项目合同结算造价金额	12‰	10‰	8‰	7‰	6‰	5‰	3.5‰	
10	工程造价争议鉴定		鉴定成果造价金额	10‰	9‰	8‰	7‰	6‰	5‰	4‰	
11	钢筋或指定构件明细数量计算		计算对象合计含量	12 元/t							
12	计日(时)服务	造价工程师	实际工作日	1000 元/日至1600 元/日内认定							不含其他交通差旅等费用
		造价员	实际工作日	500 元/日至1000 元/日内认定							

注：1. 本标准采用差额累进费率，执行时均按照差额定率分档累进方式计算，工程主材无论是否计入编制成果造价金额，均计入收费基数。民用设备安装工程设备费用占总造价（含设备费用）不足50%的，设备费用均全额计入收费基数；超过50%的设备费用金额不计入收费基数。

2. 单宗工程造价咨询服务费按本标准计算不足2000 元的，按2000 元计算。

3. 保障性住房工程按同等收费标准的70%收取。

【例3-16】 某房屋建筑项目委托造价咨询公司编制工程预算，其编制成果预算造价为3000万元，试根据"云价综合〔2012〕66号文件"计算造价咨询服务费。

【解】 根据表3-8中第3项规定计算如下

$$200 \text{ 万元部分} \quad 200 \text{ 万元} \times 3.5‰ = 0.70 \text{ 万元}$$

$$200 \sim 500 \text{ 万元部分} \quad (500 - 200) \text{ 万元} \times 3.2‰ = 0.96 \text{ 万元}$$

$$500 \sim 2000 \text{ 万元部分} \quad (2000 - 500) \text{ 万元} \times 3.0‰ = 4.50 \text{ 万元}$$

$$2000 \sim 3000 \text{ 万元部分} \quad (3000 - 2000) \text{ 万元} \times 2.2‰ = 2.20 \text{ 万元}$$

$$合计 \quad 0.70 \text{ 万元} + 0.96 \text{ 万元} + 4.50 \text{ 万元} + 2.20 \text{ 万元} = 8.36 \text{ 万元}$$

3.3 投资估算指标

3.3.1 投资估算指标的概念及作用

投资估算指标是确定和控制建设项目全过程各项投资支出的技术经济指标，其范围涉及建设前期、建设实施期和竣工验收交付使用期等各个阶段的费用支出。所以，投资估算指标比其他各种计价定额具有更大的综合性和概括性。

投资估算指标是编制建设项目建议书、可行性研究报告等前期工作阶段投资估算的依据，也可以作为编制固定资产长远规划投资额的参考。投资估算指标为完成项目建设的投资估算提供依据，它在固定资产的形成过程中起着投资预测、投资控制、投资效益分析的作用，是合理确定项目投资的基础。投资估算指标中的主要材料消耗量也是一种扩大材料消耗量指标，可以作为初步匡算建设项目主要材料消耗量的基础。

3.3.2 投资估算指标的编制原则

因为投资估算指标比其他各种计价定额具有更大的综合性和概括性。所以，投资估算指标的编制工作，除了应遵循一般计价定额的编制原则外，还必须坚持下述原则：

1）投资估算指标项目的确定，应考虑以后几年编制建设项目建议书和可行性研究报告投资估算的需要。

2）投资估算指标的分类、项目划分、项目内容、表现形式等，要结合各专业的特点，并且要与项目建议书、可行性研究报告的编制深度相适应。

3）投资估算指标的编制既能反映现实的高科技成果，反映正常建设条件下的造价水平，也能适应今后若干年的科技发展水平。坚持技术上的先进、可行和经济上的合理。

4）投资估算指标的编制必须密切结合行业特点，项目建设的特定条件，在内容上既要贯彻指导性、准确性和可调性的原则，又要具有一定的深度和广度。

5）投资估算指标的编制要体现国家对固定资产投资实施间接控制作用的特点，要贯彻能分能合、有粗有细、细算粗编的原则。

6）投资估算指标的编制要贯彻静态和动态相结合的原则。考虑到建设期的动态因素，即价格、建设期利息、固定资产投资方向调节税及涉外工程的汇率等因素的变动。

3.3.3 投资估算指标的内容

投资估算指标的内容因行业不同而各异，一般可分为建设项目综合指标、单项工程指标和单位工程指标三个层次。

1. 建设项目综合指标

建设项目综合指标按规定应列入建设项目总投资，即从立项筹建开始至竣工验收交付使用为止的全部投资额，包括单项工程投资、工程建设其他费用和预备费等。

建设项目综合指标一般以项目的综合生产能力单位投资表示，如元/t、元/kW；或以使用功能表示，如医院以元/床表示，学校以元/学生表示。

2. 单项工程指标

单项工程指标是指按规定应列入能独立发挥生产能力或使用效益的单项工程内的全部投资额，包括建筑安装工程费、设备及工器具购置费和其他费用。

单项工程指标一般以单项工程生产能力单位投资（如元/t 或其他单位）表示。例如：变配电站以元/$(kV \cdot A)$ 表示；供水站以元/m^3 表示；办公室、仓库、宿舍、住宅等房屋建筑则区别不同结构形式以元/m^2 表示。

3. 单位工程指标

单位工程指标按规定应列入能独立设计、施工的工程项目的费用，即建筑安装工程费用。

单位工程指标一般以下列方式表示：如房屋建筑区别于不同结构形式以"元/m^2"表示；道路区别于不同结构层、面层以"元/m^2"表示；管道区别不同材质、管径以"元/m"表示。

▶ 习题与思考题

1. 简述投资估算的概念及内容。

2. 简述投资估算的常用编制方法的特点及其适用范围。

3. 投资估算的编制应关注哪些注意事项？

4. 已知建设日产 20t 的某化工生产系统的投资额为 4000 万元，若将该化工生产系统的生产能力在原有的基础上增加一倍，根据生产能力指数法估算其投资额大约增加多少？（$n = 0.6$，$f = 1$）

5. 某建设项目达到设计生产能力后，年经营成本为 18000 万元，年修理费为 1800 万元，全厂定员为 1000 人，年工资和福利费估算为 9900 万元。每年其他费用估算为 980 万元（其他制造费用为 540 万元）。年外购原材料、燃料动力费估算为 15300 万元。各项流动资金最低周转天数分别为：应收账款 25 天，现金 35 天，应付账款为 25 天，存货为 40 天。试估算该建设项目的流动资金。

6. 某建设项目建安工程费为 5000 万元，设备购置费为 3000 万元，项目建设前期年限为 1 年，建设期为 3 年，各年投资计划额度为：第一年完成投资 20%，第二年 60%，第三年 20%。年均投资价格上涨率为 6%，试求该建设项目建设期间价差预备费。

7. 拟建某工业项目，各项目费用估计见表 3-9。

表 3-9 各项目费用估计表 （单位：万元）

序号	项目及费用名称	总费用	建筑工程费	设备购置费	安装工程费
1	主要生产项目	4110	2250	1750	110
2	辅助生产项目	3600	1800	1500	300

（续）

序号	项目及费用名称	总费用	建筑工程费	设备购置费	安装工程费
3	公用工程	2000	1200	600	200
4	环境保护	600	300	200	100
5	总图运输工程	300	200	100	0
6	服务性工程	150			
7	厂外工程	100			
8	生活福利工程	200			
9	工程建设其他费	380			
10	基本预备费为工程费用与其他工程费用合计的10%				
11	预计建设期内每年价格平均上涨率为6%				
12	建设期2年，每年建设投资相等，所有建设投资一律贷款，贷款年利率为11%（每半年计息一次）				
13	固定资产投资方向调节税税率为5%				

【问题】

（1）试将以上数据填入固定资产投资估算表（可参照表3-2自制）。

（2）列式计算基本预备费、价差预备费、固定资产投资方向调节税、实际年贷款利率和建设期贷款利息。

（3）完成固定资产投资估算表的计算。

8. 已知年产1250t某种紧俏商品的工业项目，主要设备投资额为2050万元，建筑面积为3885m²，其他附属项目投资占设备投资比例以及由于建造时间、地点、使用定额等方面的因素引起拟建项目综合调价系数见表3-10。工程建设其他费占项目总投资的20%。

表3-10　拟建项目占设备比例及调价系数表

序号	工程名称	占设备比例	调价系数	序号	工程名称	占设备比例	调价系数
一	生产项目			6	电气照明工程	10%	1.10
1	土建工程	30%	1.10	7	自动化仪表	9%	1.00
2	设备安装工程	10%	1.20	8	设备购置	C_0	1.20
3	工艺管理工程	4%	1.05	一	附属工程	10%	1.10
4	给排水工程	8%	1.10	二	总体工程	10%	1.30
5	暖通工程	9%	1.10				

【问题】

（1）若拟建2000t生产同类产品的项目，建筑面积4025m²，试估算该项目的投资额。

（2）若拟建项目的基本预备费费率和现行投资方向调节税税率均为5%，建设期一年，建设期物价上涨率为6%，不考虑建设期贷款利息，试确定拟建项目的固定资产总投资，并编制该项目的固定资产投资估算表（可参照表3-2自制）。

9. 什么是投资估算指标？投资估算指标的内容有哪些？

第4章
设计概算

教学要求

- 熟悉设计概算的含义和作用。
- 掌握设计概算编制的原则、依据、内容和方法。
- 了解设计概算指标的概念及作用。

本章介绍设计概算的概念、编制依据、内容，单位工程设计概算编制方法，建设工程项目总概算编制方法。

4.1 设计概算概述

4.1.1 设计概算的含义

设计概算是设计文件的重要组成部分，是在初步设计或扩大初步设计阶段，在投资估算的控制下，由设计单位根据初步设计的设计图及说明书、概算指标（或概算定额）、各项取费标准（或费用定额）、设备及材料预算价格等资料或参照类似工程（决算）文件，用科学的方法计算和确定的建设项目从筹建至竣工交付使用所需全部费用的文件。

采用两阶段设计的建设项目，初步设计阶段必须编制设计概算；采用三阶段设计的建设项目，扩大初步设计（或称技术设计）阶段必须编制修正概算。

4.1.2 设计概算的作用

设计概算的主要作用为：

1. 设计概算是编制建设项目投资计划、确定和控制建设项目投资的依据

国家规定：编制年度固定资产投资计划，确定计划投资总额及其构成数额，要以批准的初步设计概算为依据，没有批准的初步设计及其概算的建设工程不能列入年度固定资产投资计划。

经批准的建设项目设计总概算的投资额，是该工程建设投资的最高限额。在工程建设过程中，年度固定资产投资计划安排，银行拨款或贷款、施工图设计及其预算、竣工决算等，未经按规定的程序批准，都不能突破这一限额，以确保国家固定资产投资计划的严格执行和有效控制。

2. 设计概算是签订建设工程合同和贷款合同的依据

《中华人民共和国合同法》明确规定：建设工程合同是承包人进行工程建设，发包人支付价款的合同。合同价款的多少是以设计概算为依据的，而且总承包合同不得超过设计总概算的投资限额。

设计概算是银行拨款或签订贷款合同的最高限额，建设项目的全部拨款或贷款以及各单项工程的拨款或贷款的累计总额，不能超过设计概算。如果项目的投资计划所列投资额或拨款或贷款突破设计概算时，必须查明原因后由建设单位报请上级主管部门调整或追加设计概算总投资额，凡未经批准前，银行对其超支部分拒不拨付。

3. 设计概算是控制施工图设计和施工图预算的依据

经批准的设计概算是建设项目投资的最高限额，设计单位必须按照批准的初步设计及其概算进行施工图设计，施工图预算不得突破设计概算。如确需突破总概算时，应按规定程序报经批准。

4. 设计概算是衡量设计方案技术经济合理性和选择最佳设计方案的依据

设计概算是设计方案技术经济合理性的综合反映，据此可以用来对不同的设计方案进行技术与经济合理性的比较，以便选择最佳设计方案。

5. 设计概算是工程造价管理及编制招标标底和投标报价的依据

设计概算一经批准，就作为工程造价控制的最高限额。以设计概算进行招标的工程，招标单位编制招标控制价是以设计概算造价为依据的，并以此作为评标定标的依据。承包单位为了在投标竞争中取胜，也以设计概算为依据，编制出合适的投标报价。

6. 设计概算是考核建设项目投资效果的依据

通过设计概算与竣工决算的对比，可以分析和考核投资效果的好坏，同时还可以验证设计概算的准确性，有利于加强设计概算管理和建设项目的造价管理工作。

4.2 设计概算编制

4.2.1 设计概算编制原则和依据

1. 设计概算编制原则

为提高建设项目设计概算编制质量，科学合理确定建设项目投资，设计概算编制应坚持以下原则：

1）严格执行国家的建设方针和经济政策的原则。

2）要完整、准确地反映设计内容的原则。

3）坚持结合拟建工程的实际，反映工程所在地现时价格水平的原则。

2. 设计概算编制依据

编制设计概算的主要依据包括：

1）经批准的建筑安装工程项目的可行性研究报告。

2）扩大初步设计文件，包括设计图及说明书、设备表、材料表等有关资料。

3）建设地区的自然条件和技术经济条件资料，主要包括工程地质勘测资料，施工现场的水、电供应情况，原材料供应情况，交通运输情况等。

4）建设地区的工资标准、材料预算价格和设备预算价格资料。

5）国家、省、自治区颁发的现行建筑安装工程费用定额。

6）国家、省、自治区颁发的现行建筑安装工程概算指标或定额。

7）类似工程的概算、预算和技术经济指标等。

8）施工组织设计文件。

4.2.2 设计概算编制内容

设计概算的编制应包括由编制期价格、费率、利率、汇率等确定的静态投资和编制期到竣工验收前的工程价格变化等多种因素确定的动态投资两部分，

设计概算可分为三级概算，即单位工程概算、单项工程综合概算和建设项目总概算，如图4-1所示。

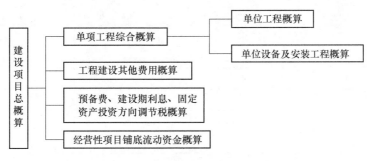

图4-1 设计概算关系图

4.2.3 单位工程设计概算编制

1. 建筑工程概算的编制

1）编制方法。根据工程项目规模大小，初步设计或扩大初步设计深度等有关资料的齐备程度不同，通常可以采用以下几种方法编制建筑工程概算。

① 根据概算定额编制概算。

② 根据概算指标编制概算。

③ 根据类似工程预算编制概算。

2）根据概算定额编制概算。

① 采用概算定额编制概算的条件。工程项目的初步设计或扩大初步设计具有相当深度，建筑、结构类型要求比较明确，基本上能够按照初步设计的平、立、剖面图计算分项工程或扩大结构构件等项目的工程量时，可以采用概算定额编制概算。

② 编制方法与步骤。

A. 收集基础资料。采用概算定额编制概算，最基本的资料为前面所提的编制依据，除此之外，还应获得建筑工程中各分部工程施工方法的有关资料。对于改建或扩建的建筑工程，还需要收集既有建筑工程的状况图，拆除及修缮工程概算定额的费用定额及旧料残值回收计算方法等资料。

B. 熟悉设计文件，了解施工现场情况。在编制概算前，必须熟悉图样，掌握工程结构形式的特点，以及各种构件的规格和数量等，并充分了解设计意图，掌握工程全貌，以便更好地计算概算工程量，提高概算的编制速度和质量。另外，概算人员必须深入施工现场，调查、分析和核实地形、地貌、作业环境等有关原始资料，从而保证概算内容能更好地反映客

观实际，为进一步提高设计质量提供可靠的原始依据。

C. 计算工程量。编制概算时，应按概算定额手册所列项目分列工程项目，并按其所规定的工程量计算规则进行工程量计算，以便正确地选套概算定额，提高概算造价的准确性。

D. 选套概算定额。当分列的工程项目及相应汇总的工程量经复核无误后，即可选套概算定额，确定定额单价。通常选套概算定额的方法如下：

a. 把定额编号、工程项目及相应的定额计量单位、工程量，按定额顺序填列于建筑工程概算表中（见表4-1）。

表4-1 建筑工程概算表

序号	定额编号	项目名称	工程量		价值/元	
			单 位	数 量	单 价	合 价

b. 根据定额编号，查阅各工程项目的概算基价，填列于概算表格的相应栏内。

另外，在选套概算定额时，必须按各分部工程说明中的有关规定进行，避免错选或重套定额项目，以保证概算的准确性。

E. 计取各项费用，确定工程概算造价。当工程概算直接工程费确定后，就可按费用计算程序进行各项费用的计算，可按下式计算概算造价的单方造价。

$$土建工程概算造价 = 分部分项工程费 + 措施项目费 + 其他费用 + 规费 + 税金 \quad (4-1)$$
$$单方造价 = 土建工程概算造价/建筑面积 \quad (4-2)$$

F. 编制工程概算书。按表4-2的内容填写概算书封面，按表4-3的内容计算各项费用，按表4-1的内容编制建筑工程概算表，并根据相应工程情况，如工程概况、概算编制依据、方法等，编制概算说明书，最后将概算书封面、编制说明书、工程费用汇总表、工程概算表等按顺序装订成册，即构成建筑工程概算书。

③ 工程概算的编制说明应包括下列内容：

A. 工程概况，包括工程名称、建设地点、工程性质、建筑面积、概算造价和单方造价等。

B. 编制依据，包括初步设计图，依据的定额、费用定额等。

C. 编制方法，主要说明具体采用概算定额，还是概算指标或类似工程预（决）算编制的。

D. 其他有关问题的说明，如材料差价的调整方法。

表 4-2　工程概算书封面

工程概算书

工程编号：＿＿＿＿＿＿

建设单位：＿＿＿＿＿＿＿＿＿

工程名称：＿＿＿＿＿＿＿＿＿　　　编制单位：＿＿＿＿＿＿＿＿＿

建筑面积：＿＿＿＿＿＿＿＿＿　　　编　　制：＿＿＿＿＿＿＿＿＿

概算价值：＿＿＿＿＿＿＿＿＿　　　审　　核：＿＿＿＿＿＿＿＿＿

单方造价：＿＿＿＿＿＿＿＿＿．

年　　月　　日

表 4-3　工程费用汇总表

序　　号	项 目 名 称	单　　位	计 算 式	合　　价	说　　明
一	分部分项工程费				
二	措施项目费				
三	其他项目费				
四	规费				
五	税金				
六	概算造价				
七	单方造价				

3）采用概算指标编制概算。

① 采用概算指标编制概算的条件。对于一般民用工程和中小型通用厂房工程，在初步设计文件尚不完备、处于方案阶段，无法计算工程量时，可采用概算指标编制概算。概算指标是一种以建筑面积或体积为单位，以整个建筑物为依据编制的计价文件。它通常以整个房屋每 $100m^2$ 建筑面积（或按每座构筑物）为单位，规定人工、材料和施工机械使用费用的消耗量，所以比概算定额更综合、扩大。采用概算指标编制概算比采用概算定额编制概算更加简化。它是一种既准确又省时的方法。

② 编制方法和步骤。

A. 收集编制概算的原始资料，并根据设计图计算建筑面积。

B. 根据拟建工程项目的性质、规模、结构内容及层数等基本条件，选用相应的概算指标。

C. 计算直接工程费。通常可按下式进行计算

$$直接工程费 = 每 100m^2 造价指标/100 × 建筑面积 \tag{4-3}$$

D. 调整直接工程费。通常可按下式进行调整

$$调整后直接工程费 = 直接工程费 × 调整费率 \tag{4-4}$$

E. 计算间接费、利润、其他费用、税金等。

③ 概算指标调整方法。采用概算指标编制概算时，因为设计内容常常不完全符合概算指标规定的结构特征，所以就不能简单机械地按类似的或最接近的概算指标套用计算，而必须根据差别的具体情况，按下列公式分别进行换算。

$$单位面积造价调整指标 = 原指标单价 - 换出结构构件单价 + 换入结构构件单价 \tag{4-5}$$

式中，换出（入）结构构件单价可按下列公式进行计算。

换出（入）结构构件单价 = 换出（入）结构构件工程量 × 相应概算定额单价 (4-6)

工程概算直接费，可按下式进行计算

工程概算直接费 = 建筑面积 × 单位面积造价调整指标 (4-7)

4）采用类似工程预（决）算编制概算。

① 采用类似工程预（决）算编制概算的条件。当拟建工程缺少完整的初步设计方案，而又急等上报设计概算，申请列入年度基本建设计划时，通常采用类似工程预（决）算编制设计概算的方法，快速编制概算。类似工程预（决）算是指与拟建工程在结构特征上相近的，已建成工程的预（决）算或在建工程的预算。采用类似工程预（决）算编制概算，不受不同单位和地区的限制，只要拟建工程项目在建筑面积、体积、结构特征和经济性方面完全或基本类似，已（在）建工程的相关数额即可采用。

② 编制步骤和方法。

A. 收集有关类似工程设计资料和预（决）算文件等原始资料。

B. 了解和掌握拟建工程初步设计方案。

C. 计算建筑面积。

D. 选定与拟建工程相类似的已（在）建工程预（决）算。

E. 根据类似工程预（决）算资料和拟建工程的建筑面积，计算工程概算造价和主要材料消耗量。

F. 调整拟建工程与类似工程预（决）算资料的差异部分，使其成为符合拟建工程要求的概算造价。

③ 调整类似工程预（决）算的方法。采用类似工程预（决）算编制概算，往往因拟建工程与类似工程之间在基本结构特征上存在着差异，而影响概算的准确性。因此，必须先求出各种不同影响因素的调整系数（或费用），加以修正。具体调整方法如下：

A. 综合系数法。采用类似工程预（决）算编制概算，经常因建设地点不同而引起人工费、材料和施工机械使用费以及间接费、利润和税金等费用不同，故常采用上述各费用所占类似工程预（决）算价值的比例系数，即综合调整系数进行调整。

采用综合系数法调整类似工程预（决）算，通常可按下列公式进行计算。

单位工程概算价值 = 类似工程预（决）算价值 × 综合调整（差价）系数 K (4-8)

式中，综合调整（差价）系数 K 可按下式计算

$$K = aK_1 + bK_2 + cK_3 + dK_4 + eK_5 \qquad (4-9)$$

式中　a ——人工工资在类似预（决）算价值中所占的比例，按下式计算

$$a = \frac{人工工资}{类似预（决）算价值} \times 100\%$$

b ——材料费在类似预（决）算价值中所占的比例，按下式计算

$$b = \frac{材料费}{类似预（决）算价值} \times 100\%$$

c ——施工机械使用费在类似预（决）算价值中所占的比例，按下式计算

$$c = \frac{施工机械使用费}{类似预（决）算价值} \times 100\%$$

d ——间接费及利润在类似预（决）算价值中所占的比例，按下式计算

$$d = \frac{间接费及利润}{类似预（决）算价值} \times 100\%$$

e ——税金在类似预（决）算价值中所占的比例，按下式计算

$$e = \frac{税金}{类似预（决）算价值} \times 100\%$$

K_1 ——工资标准因地区不同而产生在价值上差别的调整（差价）系数，按下式计算

$$K_1 = \frac{编制概算地区的工资标准}{采用类似预（决）算地区的工资标准}$$

K_2 ——材料预算价格因地区不同而产生在价值上差别的调整（差价）系数，按下式计算

$$K_2 = \frac{编制概算地区的材料预算价格}{采用类似预（决）算地区的材料预算价格}$$

K_3 ——施工机械使用费因地区不同而产生在价值上差别的调整（差价）系数，按下式计算

$$K_3 = \frac{编制概算地区的机械使用费}{采用类似预（决）算地区的机械使用费}$$

K_4 ——间接费及利润因地区不同而产生在价值上差别的调整（差价）系数，按下式计算

$$K_4 = \frac{编制概算地区的间接费及利润}{采用类似预（决）算地区的间接费及利润}$$

K_5 ——税金因地区不同而产生在价值上差别的调整（差价）系数，按下式计算

$$K_5 = \frac{编制概算地区的税金率}{采用类似预（决）算地区的税金率}$$

B. 价格（费用）差异系数法。采用类似工程预（决）算编制概算，常因类似工程预（决）算的编制时间距现在时间较长，现时编制概算，其人工工资标准、材料预算价格和施工机械使用费用以及间接费、利润和税金等费用标准必然发生变化。此时，则应将类似工程预（决）算的上述价格和费用标准与现行的标准进行比较，测定其价格和费用变动幅度系数，加以适当调整。采用价格（费用）差异系数法调整类似工程预（决）算，一般按下式进行计算

$$单位工程概算价值 = 类似工程预（决）算价值 \times G \qquad (4-10)$$

式中 G ——类似工程预（决）算的价格（费用）差异系数，可按下式计算

$$G = aG_1 + bG_2 + cG_3 + dG_4 + eG_5$$

式中 a、b、c、d、e 同前；

G_1 ——工资标准因时间不同而产生的价差系数，按下式计算

$$G_1 = \frac{编制概算现时工资标准}{采用类似预（决）算时工资标准}$$

G_2 ——材料预算价格因时间不同而产生的价差系数，按下式计算

$$G_2 = \frac{编制概算现时材料预算价格}{采用类似预（决）算时材料预算价格}$$

G_3 ——机械使用费因时间不同而产生的价差系数，按下式计算

$$G_3 = \frac{编制概算现时机械使用费}{采用类似预（决）算时机械使用费}$$

G_4——间接费及利润因时间不同而产生的价差系数，按下式计算

$$G_4 = \frac{编制概算现时间接费及利润}{采用类似预（决）算时间接费及利润}$$

G_5——税金因时间不同而产生的价差系数，按下式计算

$$G_5 = \frac{编制概算现时税金率}{采用类似预（决）算时税金率}$$

C. 结构、材料差异换算法。每个建筑工程都有其各自的特异性，在其结构、内容、材质和施工方法上常常不能完全一致。因此，采用类似工程预（决）算编制概算，应充分注意其中的差异，进行分析对比和调整换算，正确计算工程费。

拟建工程的结构、材质和类似工程预（决）算的局部有差异时，一般可按下式进行换算

单位工程概算造价 = 类似工程预（决）算价值 − 换出工程费 + 换入工程费　　　　　(4-11)

式中，换出（入）工程费 = 换出（入）结构单价 × 换出（入）工程量

【例 4-1】　新建某项工程，利用的类似工程体积为 1000m³，预算价值为 200000 元，其中，人工费占 20%，材料费占 55%，机械使用费占 13%，间接费占 12%。由于结构不同，净增加人材机费 500 元，通过计算人工费修正系数 $K_1 = 1.02$，材料费修正系数 $K_2 = 1.05$，机械使用费修正系数 $K_3 = 0.99$，间接费修正系数 $K_4 = 0.99$。

【解】　综合修正系数 $K = 20\% \times 1.02 + 55\% \times 1.05 + 13\% \times 0.99 + 12\% \times 0.99 = 1.03$

修正后的类似概算总造价 = 200000 元 × 1.03 + 500 元 × (1 + 12% × 0.99) = 206559.40 元

设计对象的概算指标 = 206559.40 元/1000m³ = 206.56 元/m³

2. 设备及安装工程概算的编制

设备及安装工程分为机械及安装工程和电气设备及安装工程两部分。设备及安装工程的概算造价由设备购置费和安装工程费两部分组成。

1）设备购置费概算。设备购置费概算是确定购置设备所需的原价和运杂费而编制的文件。

设备分为标准设备和非标准设备。标准设备的原价按各部、省、市、自治区规定的现行产品出厂价格计算；非标准设备是指制造厂过去没有生产过或不经常生产，而必须由选用单位先行设计委托承制的设备，其原价由设计机构依据设计图按设备类型、材质、质量、加工精度、复杂程度等进行估价，逐项计算，主要由加工费、材料费、设计费组成。

其编制概算的方法与步骤如下：

① 收集并熟悉有关设备清单、工艺流程图、设备价格及运费标准等基础资料。

② 确定设备原价。设备原价通常按下列规定确定：

A. 国产标准设备，按国家各部委或各省、直辖市、自治区规定的现行统配价格或工厂自行制定的现行产品出厂价格计算。

B. 国产非标准设备，按主管部门批准的制造厂报价或参考有关类似资料进行估算。

C. 引进设备，以引进设备货价（FOB 价）、国际运费、运输保险费、外贸手续费、银

行财务费、关税和增值税之和为设备原价。

③ 计算设备运杂费。设备运杂费是指设备自出厂地点运至施工现场仓库或堆放地点止所发生的包装费、运输费、供销部门手续费等全部费用。通常可按占设备原价的百分比计算，其可按下式计算

$$设备运杂费 = 设备原价 \times 运杂费率 \tag{4-12}$$

④ 计算设备购置概算价值。设备购置概算价值可按下式计算

$$设备购置概算价值 = 设备原价 + 设备运杂费 = 设备原价 \times (1 + 运杂费率) \tag{4-13}$$

2) 设备安装工程费概算。根据初步设计的深度和要求明确程度，通常设备安装工程费概算的编制方法有预算单价法、扩大单价法和概算指标法三种。

① 预算单价法。当初步设计或扩大初步设计文件具有一定深度，要求比较明确，有详细的设备清单，基本上能计算工程量时，可根据各类安装工程预算定额编制设备安装工程概算。

② 扩大单价法。当初步设计的设备清单不完备，或仅有成套设备的数（质）量时，要采用主体设备、成套设备或工艺线的综合扩大安装单价编制概算。

③ 概算指标法。当初步或扩大初步设计程度较浅，尚无完备的设备清单时，设备安装工程概算可按设备安装费的概算指标进行编制。

A. 按占设备原价的百分比计算。设备安装工程费的计算公式为

$$设备安装工程费 = 设备原价 \times 设备安装费率 \tag{4-14}$$

B. 按设备安装概算定额计算。

C. 按每吨设备安装费的概算指标计算。设备安装工程费的计算公式为

$$设备安装工程费 = 设备总吨数 \times 每吨设备安装费 \tag{4-15}$$

D. 按每套、每座、每组设备等计量单位规定的概算指标计算。设备安装工程费的计算公式为

$$设备安装工程费 = 设备座（台、套、组）数 \times 每座（台、套、组）设备安装费 \tag{4-16}$$

4.2.4 建设项目总概算编制

1. 总概算书的组成

总概算书一般由编制说明和总概算表及所属的综合概算表、工程建设其他费用概算表组成。

1) 编制说明。

① 工程概况。主要说明建设项目的建设规模、范围、建设地点、建设条件、建设期限、产量、生产品种、公用设施及厂外工程情况等。

② 编制依据。主要说明设计文件依据、定额或指标依据、价格依据、费用标准依据等。

③ 编制方法。主要说明建设项目中主要专业概算价值的编制方法是采用概算定额还是概算指标编制的。

④ 投资分析。主要说明总概算价值的组成及单位投资、与类似工程的分析比较、各项投资比例分析和说明该设计的经济合理性等。

⑤ 主要材料和设备数量。说明建筑安装工程主要材料，如钢材、木材、水泥等数量，主要机械设备、电气设备数量。

⑥ 其他有关问题。主要说明编制概算文件过程中存在的其他有关问题等。

2）总概算表。总概算表的项目可按工程性质和费用构成划分为工程费用、工程建设其他费用和预备费用三项。总概算价值按其投资构成，可分为以下几部分费用：

① 建筑工程费用，包括各种厂房、库房、住宅、宿舍等建筑物和矿井、铁路、公路、码头等构筑物的建筑工程，特殊工程的设备基础，各种工业炉砌筑，金属结构工程，水利工程，场地平整，厂区整理，厂区绿化等费用。

② 安装工程费用，包括各种安装工程费用。

③ 设备购置费，包括一切需要安装和不需要安装的设备购置费。

④ 工器具及生产家具购置费。

⑤ 其他费用。

总概算表的表达形式见表4-4。

表4-4 总概算表

建设单位：＿＿＿＿＿＿＿＿＿＿

概算书编号	工程和费用项目名称	概算价值/万元						技术经济指标			占投资额（%）	备注
		建筑工程	安装工程	设备购置	工器具和生产家具购置	工程建设其他费用	合计	单位	数量	指标		
	第一部分 工程费用											
	一、主要生产项目											
	×××厂房	△	△	△	△		△	△	△	△	△	
	…											
	第一部分合计	△	△	△	△		△					
	第二部分 工程建设其他费用											
	土地征用费					△	△					
	…											
	第二部分合计					△	△					
	第一、二部分工程费用总计	△	△	△	△	△	△					
	第三部分 预备费						△					
	固定资产投资方向调节税						△					
	建设期利息						△					
	总概算价值	△	△	△	△		△					
	其中：回收金额	（△）		（△）			（△）					

2. 总概算书的编制方法与步骤

1）收集编制总概算的基础资料。

2）根据初步设计说明、建筑总平面图、全部工程项目一览表等资料，对各工程项目内容、性质、建设单位的要求，进行概括性了解。

3）根据初步设计文件、单位工程概算书、定额和费用文件等资料，审核各单项工程综合概算书及其他工程与费用概算书。

4）编制总概算表，填写方法与综合概算类似。

5）编制总概算说明，并将总概算封面、总概算说明、总概算表等按顺序汇编成册，构成建设工程总概算书。

4.2.5 设计概算编制案例

【例4-2】 某大学拟建一栋综合实验楼，该楼一层为加速器室，2~5层为工作室。建筑面积1360m²。根据扩大初步设计计算出该综合实验楼各扩大分项工程的工程量以及当地概算定额的扩大单价，列于表4-5中。根据当地现行定额规定的工程类别划分原则，该工程属三类工程。三类工程各项费用（以直接工程费为计算基数）的费率分别为：措施费率5.63%，管理费率5.40%，利润率3.6%，规费率3.12%，计税系数3.41%。零星工程费为概算直接工程费的5%，不考虑材料的价差。

表4-5 实验楼工程量和扩大单价表

定额编号	扩大分项工程名称	单 位	工 程 量	扩大单价
3-1	实心砖基础（含土方工程）	10m³	1.960	1614.16
3-27	多孔砖外墙（含外墙面勾缝，内墙面中等石灰砂浆及乳胶漆）	100m²	2.184	4035.03
3-29	多孔砖内墙（含内墙面中等石灰砂浆及乳胶漆）	100m²	2.292	4885.22
4-21	无筋混凝土条形基础（含土方工程）	m³	206.024	559.24
4-24	混凝土满堂基础	m³	169.470	542.74
4-26	混凝土设备基础	m³	1.580	382.70
4-33	现浇混凝土矩形梁	m³	37.86	952.51
4-38	现浇混凝土墙（含内墙面石灰砂浆及乳胶漆）	m³	470.120	670.74
4-40	现浇混凝土有梁板	m³	134.820	786.86
4-44	现浇混凝土整体楼梯	10m²	4.440	1310.26
5-42	铝合金地弹门（含运输，安装）	100m²	0.097	35581.23
5-45	铝合金推拉窗（含运输，安装）	100m²	0.336	29175.64
7-23	双面夹板门（含运输，安装，油漆）	100m²	0.331	17095.15
8-81	全瓷防滑砖地面（含垫层，踢脚线）	100m²	2.720	9920.94
8-82	全瓷防滑砖楼面（含踢脚线）	100m²	10.880	8935.81
8-83	全瓷防滑砖楼梯（含防滑条踢脚线）	100m²	0.444	10064.39
9-23	珍珠岩找坡保温层	10m³	2.720	3634.34
9-70	二毡三油一砂防水层	100m²	2.720	5428.80
	脚手架工程	m²	1360.000	19.11

【问题】

（1）试根据表4-5给定的工程量和扩大单价表，编制该工程的土建单位概算表，计算该工程的土建单位工程直接工程费；并根据所给三类工程的取费标准，计算其他各项费用，编制土建单位工程概算书。

（2）若同类工程的各专业单位工程造价占单项工程综合造价的比例见表4-6，试计算该工程的综合概算造价，编制单项工程综合概算书。

表4-6 各专业单位工程造价占单项工程综合造价的比例

专业名称	土建	采暖	通风空调	电气照明	给排水	设备购置	设备安装	工器具
占比例（%）	40	1.5	13.5	2.5	1	38	3	0.5

【解】（1）某大学拟建综合实验楼土建工程概算计算见表4-7。

表4-7 某大学拟建综合实验楼土建工程概算表

定额编号	扩大分项工程名称	单 位	工程量	扩大单价	合价/元
3-1	实心砖基础（含土方工程）	10m³	1.960	1614.16	3163.75
3-27	多孔砖外墙（含墙面勾缝，内墙面中等石灰砂浆及乳胶漆）	100m²	2.184	4035.03	8812.51
3-29	多孔砖内墙（含内墙面中等石灰砂浆及乳胶漆）	100m²	2.292	4885.22	11196.92
4-21	无筋混凝土条形基础（含土方工程）	m³	206.024	559.24	115216.86
4-24	混凝土满堂基础	m³	169.470	542.74	91978.15
4-26	混凝土设备基础	m³	1.580	382.70	604.67
4-33	现浇混凝土矩形梁	m³	37.86	952.51	36062.03
4-38	现浇混凝土墙（含内墙面石灰砂浆及乳胶漆）	m³	470.120	670.74	315328.29
4-40	现浇混凝土有梁板	m²	134.820	786.86	106048.47
4-44	现浇混凝土整体楼梯	10m²	4.440	1310.26	5817.55
5-42	铝合金地弹门（含运输，安装）	100m²	0.097	35581.23	3451.38
5-45	铝合金推拉窗（含运输，安装）	100m²	0.336	29175.64	9803.02
7-23	双面夹板门（含运输，安装，油漆）	100m²	0.331	17095.15	5658.49
8-81	全瓷防滑砖地面（含垫层，踢脚线）	100m²	2.720	9920.94	26984.96
8-82	全瓷防滑砖楼面（含踢脚线）	100m²	10.880	8935.81	97221.61
8-83	全瓷防滑砖楼梯（含防滑条踢脚线）	100m²	0.444	10064.39	4468.59
9-23	珍珠岩找坡保温层	10m²	2.720	3634.34	9885.40
9-70	二毡三油一砂防水层	100m²	2.720	5428.80	14766.34
	脚手架工程	m²	1360.000	19.11	25989.60
1	直接工程费合计				892494.58
2	措施费=直接工程费×5.63%				50247.45
3	管理费=直接工程费×5.40%				48194.71
4	利润=直接工程费×3.60%				32129.81
5	规费=直接工程费×3.12%				27845.83
6	零星工程费=直接工程费×5%				44624.73
7	税金=（1+……+6）×3.41%				37357.82
8	土建单位工程概算造价=1+……+7				1132894.92

（2）根据土建单位工程概算造价及其占单项工程综合造价的比例，计算该单项工程综合造价为

$$单项工程综合造价 = 1132894.92 \, 元 \div 40\% = 2832237.30 \, 元$$

按各专业单位工程造价占单项工程综合造价的比例，计算各专业单位工程造价见表4-8。

表4-8 各专业单位工程造价计算表

专业名称	土建	采暖	通风空调	电气照明	给排水	设备购置	设备安装	工器具购置
占比例（%）	40	1.5	13.5	2.5	1	38	3	0.5
单位造价/元	1132894.92	42483.56	382352.04	70805.93	28322.37	1076250.17	84967.12	14161.19

（3）该工程单项工程综合概算计算见表4-9。

表4-9 某大学单项工程综合概算表

序号	费用名称	概算造价/万元				技术经济指标			占总投资比例（%）
		建安工程费	设备购置费	建设其他费	合计	单位	数量	单方造价/（元/m²）	
1	建筑安装工程	165.658			165.658	m²	1360	1218.07	58.50
1.1	土建工程	113.270			113.270	m²	1360	832.87	
1.2	采暖工程	4.248			4.248	m²	1360	31.24	
1.3	通风空调工程	38.229			38.229	m²	1360	281.10	
1.4	电气照明工程	7.079			7.079	m²	1360	52.05	
1.5	给排水工程	2.832			2.832	m²	1360	20.82	
2	设备及安装工程	8.495	107.607		116.102	m²	1360	853.69	41.00
2.1	设备购置		107.607		107.607	m²	1360	791.23	
2.2	设备安装	8.495			8.495	m²	1360	62.46	
3	工器具购置		1.416		1.416	m²	1360	10.41	0.50
	合计	174.153	109.023		283.176	m²	1360	2082.18	100
	占总投资比例	61.50%	38.50%		100%				

【例4-3】 拟建砖混结构住宅工程3420m²，结构形式与已建成的某工程相同，只有外墙保温贴面不同，其他部分均较为接近。类似工程外墙为珍珠岩板保温、水泥砂浆抹面，每平方米建筑面积消耗量分别为：0.044m³、0.842m²，珍珠岩板153.1元/m³，水泥砂浆8.95元/m²；拟建工程外墙为加气混凝土保温、外贴釉面砖，每平方米建筑面积消耗量分别为：0.08m³、0.82m²，加气混凝土185.48元/m³、贴釉面砖49.75元/m²。类似工程单方造价588元/m²，其中，人工费、材料费、机械费、措施费、管理费、利润、规费占单方造价比例分别为：11%、62%、6%、6%、4%、4%、3%，拟建工程与类似工程预算造价在这几方面的差异系数分别为：1.12、1.56、1.13、1.02、1.03、1.01、0.99。

【问题】

（1）应用类似工程预算法确定拟建工程的单位工程概算造价。

（2）若类似工程概算中，每平方米建筑面积主要资源消耗分别为：

$$人工消耗量 5.08 工日，\qquad 单价：27.72 元/工日$$

$$钢材消耗量 23.8kg，\qquad 单价：3.25 元/kg$$

$$水泥消耗量 205kg，\qquad 单价：0.38 元/kg$$

$$原木消耗量 0.05m^3，\qquad 单价：980 元/m^3$$

$$铝合金门窗 0.24m^2，\qquad 单价：350 元/m^2$$

其他材料费为主材费的 45%，机械费占直接工程费的 8%。拟建工程除直接工程费外的其他间接费用综合费率为 20%，试应用概算指标法确定拟建工程的单位工程概算造价。

【解】（1）应用类似工程预算法计算。

1）拟建工程概算指标 = 类似工程单方造价 × 综合差异系数（K）

$K = 11\% × 1.12 + 62\% × 1.56 + 6\% × 1.13 + 6\% × 1.02 + 4\% × 1.03 + 4\% × 1.01 + 3\% × 0.99 = 1.33$

拟建工程概算指标 = 588 元/m² × 1.33 = 782.04 元/m²

2）结构差异额 = 0.08 × 185.48 元/m² + 0.82 × 49.75 元/m² − (0.044 × 153.1 + 0.842 × 8.95) 元/m² = 41.36 元/m²

3）修正概算指标 = 782.04 元/m² + 41.36 元/m² = 823.40 元/m²

4）拟建工程概算造价 = 3420m² × 823.40 元/m² = 2816028 元 = 281.6 万元

（2）应用概算指标法计算。

1）拟建工程每平方米建筑面积的直接工程费计算为：

$$人工费 = 5.08 工日 × 27.72 元/工日 = 140.82 元$$

材料费 = (23.8kg × 3.25 元/kg + 205kg × 0.38 元/kg + 0.05m³ × 980 元/m³ + 0.24m² × 350 元/m²) × (1 + 0.45) = 417.96 元

$$机械费 = 直接工程费 × 8\%$$

$$概算直接工程费 = \frac{140.82 + 417.96}{1 - 8\%} 元/m^2 = 607.37 元/m^2$$

2）计算拟建工程概算指标、修正概算指标和概算造价。

$$概算指标 = 607.37 元/m^2 × (1 + 20\%) = 728.84 元/m^2$$

$$修正概算指标 = 728.84 元/m^2 + 41.36 元/m^2 = 770.20 元/m^2$$

$$概算造价 = 3420m^2 × 770.20 元/m^2 = 2634097.68 元 = 263.41 万元$$

4.3　概算定额和概算指标

4.3.1　概算定额的概念和作用

1. 概算定额的概念

概算定额是指完成单位合格产品（扩大分项工程）所需的人工、材料和机械台班的消耗数量标准。它是在预算定额基础上以主要分项工程为准综合相关分项工程后的扩大定额，是按主要分项工程规定的计量单位并综合相关工序的劳动、材料和机械台班的消耗标准后形成的定额。

例如，在概算定额中的"砖基础"工程，往往把预算定额中的挖地槽、基础垫层、砌筑基础、敷设防潮层、回填土、余土外运等项目，合并为一项砖基础工程。

2. 概算定额的作用

1）概算定额是初步设计阶段编制建设项目概算的依据。基本建设程序规定，采用两阶段设计时，其初步设计阶段必须编制设计概算；采用三阶段设计时，其技术设计阶段必须编制修正设计概算，对拟建项目进行总估价。

2）概算定额是设计方案比较的依据。所谓设计方案比较，目的是选择出技术先进、可靠，经济合理的方案，在满足使用功能的条件下，降低造价和资源消耗。概算定额采用扩大综合后为设计方案的比较提供了方便条件。

3）概算定额是编制主要材料需要量的计算基础。根据概算定额所列材料消耗指标计算出工程用料数量，可以在施工图设计之前提出供应计划，为材料的采购、供应做好准备。

4）概算定额是编制概算指标的依据。

5）概算定额也可在实行工程总承包时作为已完工程价款结算的依据。

4.3.2 概算定额的编制原则和依据

1. 概算定额的编制原则

1）社会平均水平的原则。概算定额应该贯彻社会平均水平的原则。由于概算定额和预算定额都是工程计价的依据，所以应符合价值规律和反映现阶段生产力水平。在概预算定额水平之间应保留必要的幅度差，并在概算定额的编制过程中严格控制。

2）简明适用的原则。概算定额应该贯彻简明适用的原则，为了满足事先确定造价，控制项目投资，概算定额要不留活口或少留活口。

2. 概算定额的编制依据

1）现行的设计标准规范。

2）现行建筑和安装工程预算定额。

3）建设行政主管部门批准颁发的标准设计图集和有代表性的设计图等。

4）现行的概算定额及其编制资料。

5）编制期人工工资标准、材料预算价格、机械台班费用等。

4.3.3 概算定额的编制步骤

概算定额的编制一般分为 3 个阶段：准备阶段、编制阶段、审查报批阶段。

1. 准备阶段

准备阶段，主要是确定编制机构和人员组成，进行调查研究，了解现行概算定额执行情况、存在问题与编制范围。在此基础上制定概算定额的编制细则和概算定额项目划分。

2. 编制阶段

编制阶段，根据已制定的编制细则、定额项目划分和工程量计算规则，调查研究，对收集到的设计图、资料进行细致的测算和分析，编出概算定额初稿。并将概算定额的分项定额总水平与预算水平相比控制在允许的幅度之内，以保证二者在水平上的一致性。如果概算定额与预算定额水平差距较大，则需对概算定额水平进行必要的调整。

3. 审查报批阶段

审查报批阶段，在征求意见修改之后形成报批稿，经批准之后交付印刷。

4.3.4 概算指标

1. 概算指标的概念及作用

概算指标是指以整个建筑物或构筑物为研究对象，以建筑面积、体积或成套设备装置的台或组为计量单位，规定的人工、材料、机械台班的消耗量标准和造价指标。

概算定额与概算指标的区别在于：

1）确定各种消耗指标的对象不同。概算定额是以单位扩大分项工程为对象，而概算指标是以整个建筑物或构筑物为对象。所以概算指标比概算定额更加综合。

2）确定各种消耗量指标的依据不同。概算定额是以现行预算定额为基础，通过计算后综合确定出各种消耗量指标；而概算指标中各种消耗量指标的确定，则主要来源于各种预算或结算资料。

概算指标的主要作用有：

① 可以作为编制投资估算的参考依据。

② 概算指标中主要材料指标可作为匡算主要材料用量的依据。

③ 可作为设计单位进行方案比较的依据之一。

④ 是编制固定资产投资计划、确定投资额的主要依据。

2. 概算指标的编制原则

1）社会平均水平的原则。概算指标作为确定工程造价的依据，就必须遵照价值规律的客观要求，在其编制时必须按照社会必要劳动时间，贯彻平均水平的编制原则。

2）简明适用的原则。概算指标的内容和表现形式应遵循粗而不漏、适应面广的原则，体现综合扩大的性质。从形式到内容应该简明易懂，要便于在使用时可根据拟建工程的具体情况进行调整换算，能够在较大范围内满足不同用途的需要。

3）编制依据必须有代表性。概算指标所依据的工程设计资料，应具有代表性，技术上是先进的，经济上是合理的。

【例4-4】 广州市建设工程造价管理站为配合《建设工程工程量清单计价规范》的实施，编制并发布了《2005年广州地区建设工程技术经济指标》，其指标分类体系见表4-10。

表4-10 2005年广州地区建设工程技术经济指标分类体系

第一层次分类	第二层次分类	第三层次分类	第四层次分类
1. 建筑安装工程	1.1 民用建筑	1.1.1 住宅建筑	1）别墅工程
			2）学生公寓工程
			3）教师公寓工程
			4）职工宿舍楼工程
			5）学生宿舍楼工程
			6）住宅楼工程
			7）商住楼工程
		1.1.2 办公建筑	1）中学办公楼工程

（续）

第一层次分类	第二层次分类	第三层次分类	第四层次分类
			2）综合办公楼工程
			3）行政办公楼工程
			4）指挥中心办公楼工程
			5）通信机楼工程
		1.1.3 文教建筑	1）教学楼工程
			2）幼儿园综合楼工程
			3）学校艺术楼工程
		1.1.4 体育建筑	1）风雨操场工程
			2）学校运动场工程
			3）中学体育馆工程
			4）体育馆工程
			5）中学游泳馆工程
			6）游泳馆工程
			7）中学露天游泳池工程
			8）综合健身馆工程
		1.1.5 医疗建筑	1）卫生服务中心工程
			2）住院楼工程
			3）医院综合楼工程
			4）医院门诊大楼工程
			5）医院工程
		1.1.6 图书馆	1）学校图书馆工程
			2）图书馆工程
		1.1.7 科研建筑	1）学校科技楼工程
			2）社科实验楼工程
			3）中学实验楼工程
			4）科研实验楼工程
			5）综合研发科技楼工程
		1.1.8 服务建筑	1）食堂工程
			2）社区商场工程
			3）综合商场工程
			4）水产市场工程
			5）农贸市场工程

（续）

第一层次分类	第二层次分类	第三层次分类	第四层次分类
			6）批发商场工程
			7）活动中心工程
			8）文化中心工程
			9）敬老院工程
			10）旅社工程
			11）酒店工程
			12）美术馆工程
	1.2 工业建筑	1.2.1 单层建筑	1）厂房工程
			2）车间工程
		1.2.2 多层建筑	1）厂房工程
			2）车间工程
	1.3 专项安装工程	1.3.1 智能化弱电工程	1）科技园工程
			2）住院楼工程
			3）办公楼工程
		1.3.2 高低压配电工程	1）商场工程
			2）购物中心工程
			3）写字楼工程
			4）商住楼工程
2. 市政工程	细分内容省略	细分内容省略	细分内容省略
3. 园林建筑绿化工程	细分内容省略	细分内容省略	细分内容省略

其中，建筑安装工程的技术经济指标采用见表 4-11 ～ 表 4-14 所示的表格样式来表达。

表 4-11　技术经济指标表 1——工程概况

工程概况	建筑面积： 建筑层数： 建筑高度： 结构类型：	基础形式： 土质情况： 砖砌体： 墙体厚度：	柱混凝土等级： 梁混凝土等级： 板混凝土等级： 墙混凝土等级：
	门窗做法： 外部装饰： 内部装饰：地面： 　　　　　墙面： 　　　　　天棚： 电气：主要材料： 给排水：主要材料： 消防：主要材料：		

表 4-12 技术经济指标表 2——工程造价组成及费用分析

造价组成	工程造价	分部分项工程费		措施项目费		其他项目费		规费		税金		单方造价	各项工程造价比例(%)	
	万元	万元	%	万元	%	万元	%	万元	%	万元	%	元/m²		
合计														
其中 土建及装饰工程														其中
±0.00以下土建														
±0.00以上土建														
±0.00以下装饰														
±0.00以上装饰														
安装工程														
电气														
给排水														
消防														

费用分析	工程造价	人工费		材料费		机械费		辅材费(安装)		管理费		利润		其他	
	万元	万元	%	万元	%	万元	%	万元	%	万元	%	万元	%	万元	%
合计															
其中 土建及装饰工程															
±0.00以下土建															
±0.00以上土建															
±0.00以下装饰															
±0.00以上装饰															
安装工程															
电气															
给排水															
消防															

工程造价组成及费用分析

表 4-13　技术经济指标表 3——土建装饰分部分项工程及措施项目占工程造价比例

土建装饰分部分项工程及措施项目占工程造价比例			分部分项工程项目											措施项目			其他费用
项目名称		合计	土石方	桩基	砌筑	混凝土及钢筋	屋面及防水	楼地面	墙柱面	天棚	门窗	油漆涂料	其他	模板	脚手架	其他	
造价/万元																	
比例(%)																	
其中	±0.00以下	万元															
		%															
	±0.00以上	万元															
		%															

表 4-14　技术经济指标表 4——土建工程主要项目技术经济指标

土建工程主要项目技术经济指标			人工挖孔桩	外墙砌筑	内墙砌筑	混凝土基础	混凝土柱	混凝土墙	混凝土板及梁	混凝土楼梯	地下室混凝土板	其他混凝土	钢筋	模板	综合脚手架	里脚手架	满堂脚手架	钢筋笼
项目名称		计量单位																
每100m²建筑面积工程量指标																		
	其中	±0.00以下																
		±0.00以上																
单位工程量指标/元																		

习题与思考题

1. 设计概算的概念和编制依据是什么？

2. 设计概算应包括哪几部分内容？

3. 什么是单位工程概算？它包括哪些内容？

4. 编制单位工程概算的方法有哪几种？

5. 什么情况下可以用概算定额编制概算？

6. 什么情况下可以用概算指标编制概算？

7. 什么是建设项目总概算？它由哪些部分组成？

8. 某大学拟在近期新建一栋综合实验楼，建筑面积 8664.70m²。现根据扩大初步设计计算出该综合实验楼各扩大分项工程的工程量及可用于概算的扩大单价（综合单价）列于下表中。该工程属于三类土建工程。在分部分项工程费中，人工费占15%，措施项目费占分部分项工程费的10%，其他项目费占分部分项工程费的3%。根据当地现行概预算编制办法，社保费为分部分项工程费中人工费的26%，危险作业意外伤害保险为分部分项工程费、措施项目费、其他项目费之和的0.2%，计税系数取0.0348。

【问题】

（1）试根据表4-15给出的工程量及扩大单价，编制该工程土建部分的分部分项工程概算表及土建工程概算书（见表4-16）。

表 4-15 土建分部分项工程的工程量及扩大单价

编　　号	扩大分项工程名称	单　　位	工　程　量	价值/元	
				基　　价	合　　价
1	人工挖土方（含场地平整、回填土）	m³	1869	23.5	
2	混凝土灌注桩基础（含桩、承台及钢筋）	m	4630	214.56	
3	基础梁（含混凝土垫层）	m³	64.56	312.56	
4	混凝土柱	m³	561.23	256.84	
5	混凝土矩形梁	m³	736.98	223.54	
6	混凝土墙	m³	65.47	265.41	
7	混凝土楼板	m³	990	236.85	
8	混凝土整体楼梯	m³	72.53	286.41	
9	其他混凝土构件	m³	25.6	268.35	
10	Φ 以内 I 级钢筋	t	39.87	3561.52	
11	Φ 以外 I 级钢筋	t	32.56	3674.56	
12	Φ 以外 II 级钢筋	t	186.56	3789.54	
13	一砖内外墙	m³	2987	181.56	
14	各类门窗	樘	1600	450	
15	楼地面装饰	m²	7980	150	
16	墙面装饰	m²	11235	21.50	
17	天棚面装饰	m²	7713	4.20	
18	排水管	m	356	71.23	
19	屋面防水	m²	1230	24.65	

表 4-16　土建分部分项工程概算书

序　号	费 用 名 称	计算表达式	费用金额/元
1	分部分项工程费		
1.1	其中人工费		
2	措施项目费		
3	其他项目费		
4	规费		
4.1	社保费		
4.2	危险作业意外险		
5	税金		
6	单位工程概算造价		
7	单方造价		

（2）若同类工程的各专业单位工程造价占单项工程综合造价的比例见表4-17，试计算该工程的综合概算造价，并按所给表格编制单项工程综合概算书（见表4-18）。

表 4-17　各专业单位工程造价占单项工程综合造价的比例

专业名称	土建	采暖	通风空调	电气照明	给排水	设备购置	设备安装	工器具
占比例（%）	40	1.5	13.5	2.5	1	38	3	0.5

表 4-18　单项工程综合概算书

序号	单位工程和费用名称	概算价值/元				技术经济指标			
		建安工程费	设备购置费	工程建设其他费	合计	单位	数量	单方造价	占总投资比例（%）
1	建筑工程								
1.1	土建工程								
1.2	采暖工程								
1.3	通风空调工程								
1.4	电气照明工程								
1.5	给排水工程								
2	设备及安装工程								
2.1	设备购置								
2.2	设备安装工程								
3	工器具购置								
	合计								
	占总投资比例（%）								

9. 什么是概算定额？编制原则是什么？

10. 什么是概算指标？它与概算定额的区别是什么？

第5章
施工图预算

▶ **教学要求**

- 熟悉编制施工图预算所依据的清单计价规范、定额、单位估价表。
- 熟悉工程量清单的概念、编制要点、编制规定和表格样式。
- 熟悉工程量清单计价规定。
- 掌握工程量清单计价的各项费用计算方法。

施工图预算（也可称之为工程预算）是指在工程项目的施工图设计完成后，根据施工图和设计说明、预算定额、预算基价以及费用定额等，对工程项目应发生费用的较详细的计算。本章介绍施工图预算的计价依据和计价方法。

5.1 计价依据

5.1.1 清单计价规范

《建设工程工程量清单计价规范》（以下简称《清单计价规范》），为国家标准，编号 GB 50500，自 2003 年 7 月 1 日起实施。

《清单计价规范》是根据《中华人民共和国建筑法》《中华人民共和国合同法》《中华人民共和国招投标法》等法律，以及最高人民法院《关于审理建设工程施工合同纠纷案件适用法律问题的解释》（法释〔2004〕14 号），按照我国工程造价管理改革的总体目标，本着国家宏观调控、市场竞争形成价格的原则制定的。

2008 版《清单计价规范》总结了 2003 版《清单计价规范》实施以来的经验，针对执行中存在的问题，特别是清理拖欠工程款工作中普遍反映的，在工程实施阶段中有关工程价款调整、支付、结算等方面缺乏依据的问题，主要修订了原规范正文中不尽合理、可操作性不强的条款及表格格式，特别增加了采用工程量清单计价如何编制工程量清单和招标控制价、投标报价、合同价款约定以及工程计量与价款支付、工程价款调整、索赔、竣工结算、工程计价争议处理等内容，并增加了条文说明。

2013 版《清单计价规范》在 2008 版的基础上，对体系做了较大调整，形成了 1 本《清单计价规范》，9 本《计量规范》的格局，具体内容是：

1) GB 50500—2013《建设工程工程量清单计价规范》

2) GB 50854—2013《房屋建筑与装饰工程工程量计算规范》

3) GB 50855—2013《仿古建筑工程工程量计算规范》

4）GB 50856—2013《通用安装工程工程量计算规范》

5）GB 50857—2013《市政工程工程量计算规范》

6）GB 50858—2013《园林绿化工程工程量计算规范》

7）GB 50859—2013《矿山工程工程量计算规范》

8）GB 50860—2013《构筑物工程工程量计算规范》

9）GB 50861—2013《城市轨道交通工程工程量计算规范》

10）GB 50862—2013《爆破工程工程量计算规范》

《清单计价规范》是统一工程量清单编制、规范工程量清单计价的国家标准；是调节建设工程招标投标中使用清单计价的招标人、投标人双方利益的规范性文件；是我国在招标投标中实行工程量清单计价的基础；是参与招标投标各方进行工程量清单计价应遵守的准则；是各级建设行政主管部门对工程造价计价活动进行监督管理的重要依据。

《清单计价规范》内容包括：总则、术语、一般规定、工程量清单编制、招标控制价、投标报价、合同价款约定、工程计量、合同价款调整、合同价款期中支付、竣工结算与支付、合同解除的价款结算与支付、合同价款争议的解决、工程造价鉴定、工程计价资料与档案、工程计价表格及 11 个附录。此部分主要是条文规定。

各专业的《计量规范》内容包括：总则、术语、工程计量、工程量清单编制、附录。此部分主要以表格表现。它是清单项目划分的标准，是清单工程量计算的依据，是编制工程量清单时统一项目编码、项目名称、项目特征、计量单位、工程量计算规则、工程内容的依据。其表格形式见表5-1。

表 5-1 《计量规范》的表格形式

项目编码	项目名称	项目特征	计量单位	工程量计算规则	工程内容
010101003	挖沟槽土方	1. 土壤类别 2. 挖土深度 3. 弃土运距	m³	按设计图示尺寸以基础垫层底面积乘以挖土深度计算	1. 排地表水 2. 土方开挖 3. 围护（支挡图板）及拆除 4. 基底钎探 5. 运输
……					

工程量清单计价的表格主要有以下 16 种。

1）用于招标控制价的封面（见表5-2）。

2）用于投标报价的封面（见表5-3）。

3）建设项目总价汇总表（见表5-4）。

4）单项工程费用汇总表（见表5-5）。

5）单位工程费用汇总表（见表5-6）。

6）分部分项工程项目清单与计价表（见表5-7）。

7）工程量清单综合单价分析表（见表5-8）。

8）措施项目清单与计价表（见表5-9）。

9）措施项目费用分析表（见表5-10）。

表 5-2　招标控制价的封面

_____工程

招标控制价

招标控制价（小写）：_____

　　　　（大写）：_____

招标人：_____　造价咨询人：_____

　　　（单位盖章）　　　　　　　　　　　　（单位资质专用章）

法定代表人　　　　　　　　　　　法定代表人

或其授权人：_____　或其授权人：_____

　　　　（签字或盖章）　　　　　　　　　　　　（签字或盖章）

编制人：_____　复核人：_____

　　（造价人员签字盖专用章）　　　　　　（造价工程师签字盖专用章）

编制时间：　　　　　　　　　　　复核时间：

表 5-3　投标报价的封面

_____工程

投标总价

招　标　人：_____

工程名称：_____

投标总价（小写）：_____

　　　　（大写）：_____

投标人：_____（单位盖章）

法定代表人或其授权人：_____（签字或盖章）

编制人：_____（造价人员签字盖专用章）

编制时间：

表 5-4　建设项目招标控制价/投标报价汇总表

工程名称：　　　　　　　　　　　　　　　　　　　　第×页　共××页

序　号	单项工程名称	金额/元	其中/元			
			暂 估 价	安全文明施工费	规　费	税　金
	合　计					

表 5-5　单项工程招标控制价/投标报价汇总表

工程名称：　　　　　　　　　　　　　　　　　　　　　　　　　　　第×页　共××页

序　　号	单位工程名称	金额/元	其中/元			
			暂 估 价	安全文明施工费	规　　费	税　　金
合　计						

表 5-6　单位工程招标控制价/投标报价汇总表

工程名称：　　　　　　　　　　　　　　　　　　　　　　　　　　　第×页　共×页

序　　号	汇 总 内 容	金额/元	其中：暂估价/元
1	分部分项工程费		
1.1	其中：人工费		
1.2	其中：机械费		
2	措施项目费		
2.1	其中：安全文明施工费		
3	其他项目费		
3.1	其中：暂列金额		
3.2	其中：专业工程暂估价		
3.3	其中：计日工		
3.4	其中：总承包服务费		
4	规费		
5	税金		
合计 = 1 + 2 + 3 + 4 + 5			

表 5-7　分部分项工程项目清单与计价表

工程名称：　　　　　　　　　　　　　　　　　　　　　　　　　　　第×页　共×页

序号	项目编码	项目名称	计量单位	工程量	金额/元				
					综合单价	合价	其中		
							人工费	机械费	暂估价

（续）

序号	项目编码	项目名称	计量单位	工程量	金额/元				
					综合单价	合价	其中		
							人工费	机械费	暂估价
			合 计						

表5-8 工程量清单综合单价分析表

工程名称： 　　　　　　　　　　　　　　　　　　　　　　　　第×页 共×页

项 目 编 码				项 目 名 称				计 量 单 位		

清单综合单价组成明细

定额编号	定额名称	定额单位	数量	单价/元			合价/元					
				人工费	材料费	机械费	人工费	材料费	机械费	管理费	利润	风险费
人工单价			小计									
元/工日			未计价材料费									
清单项目综合单价												

	主要材料名称、规格、型号	单位	数量	单价/元	合价/元	暂估单价/元	暂估合价/元
材料费明细							
	其他材料费						
	材料费小计						

表 5-9 措施项目清单与计价表

工程名称： 　　　　　　　　　　　　　　　　　　　　　　　　第 × 页　共 × 页

序　号	项 目 名 称	计 量 单 位	计 算 方 法	金额/元
1	安全文明施工费			
2	夜间施工增加费			
3	二次搬运费			
4	其他（冬雨季施工、定位复测、生产工具用具使用等）			
5	大型机械设备进出场安拆费		详见分析表	
6	施工排水、降水		详见分析表	
7	地上、地下设施，建筑物的临时保护设施			
8	已完工程及设备保护			
9	脚手架		详见分析表	
10	模板		详见分析表	
11	垂直运输		详见分析表	
合计				

表 5-10 措施项目费用分析表

工程名称： 　　　　　　　　　　　　　　　　　　　　　　　　第 × 页　共 × 页

序　号	项目名称	计量单位	工 程 量	金额/元					
				人 工 费	材 料 费	机 械 费	管理费 + 利润	风 险 费	小计
合计									

10）其他项目清单与计价汇总表（见表 5-11）。

表 5-11 其他项目清单与计价汇总表

工程名称： 　　　　　　　　　　　　　　　　　　　　　　　　第 × 页　共 × 页

序　号	项 目 名 称	计 量 单 位	金额/元	备　注
1	暂列金额			
2	暂估价			
2.1	材料暂估价			
2.2	专业工程暂估价			
3	计日工			
4	总承包服务费			
合计				

11）暂列金额明细表（见表 5-12）。

表 5-12　暂列金额明细表

工程名称：　　　　　　　　　　　　　　　　　　　　　　　　　　　　第×页　共×页

序　号	项目名称	计量单位	金额/元	备　注
合计				

12）材料暂估价表（见表 5-13）。

表 5-13　材料暂估价表

工程名称：　　　　　　　　　　　　　　　　　　　　　　　　　　　　第×页　共×页

序　号	材料名称、规格、型号	计量单位	单价/元	备　注
合计				

13）专业工程暂估价表（见表 5-14）。

表 5-14　专业工程暂估价表

工程名称：　　　　　　　　　　　　　　　　　　　　　　　　　　　　第×页　共×页

序　号	工程名称	工程内容	金额/元	备　注
合计				

14）计日工表（见表5-15）。

表5-15 计日工表

工程名称： 第×页 共×页

序 号	项目名称	单 位	实际数量	综合单价/元	合价/元
一	人工				
	人工小计				
二	材料				
	材料小计				
三	施工机械				
	施工机械小计				
	总计				

15）总承包服务费计价表（见表5-16）。

表5-16 总承包服务费计价表

工程名称： 第×页 共×页

序 号	项目名称	项目价值/元	服务内容	计算基础	费率（%）	金额/元
1	发包人发包专业工程					
2	发包人提供材料					

16）规费、税金项目计价表（见表5-17）。

表5-17 规费、税金项目计价表

工程名称： 第×页 共×页

序号	项目名称	计算基础	计算基数	计算费率（%）	金额/元
1	规费	定额人工费			
1.1	社会保险费	定额人工费			
（1）	养老保险费	定额人工费			
（2）	失业保险费	定额人工费			
（3）	医疗保险费	定额人工费			
（4）	工伤保险费	定额人工费			
（5）	生育保险费	定额人工费			

（续）

序号	项目名称	计算基础	计算基数	计算费率（%）	金额/元
1.2	住房公积金	定额人工费			
1.3	工程排污费	按工程所在地环境保护部门收费标准，按实计入			
2	税金	分部分项工程费＋措施项目费＋其他项目费＋规费			
合计					

5.1.2 工程建设定额

1. 工程建设定额的含义

工程建设定额是指在工程建设中体现在单位合格产品上的人工、材料、机械使用消耗量的规定额度。这种"规定的额度"反映的是在一定的社会生产力发展水平的条件下，完成工程建设中的某项产品与各种生产耗费之间特定的数量关系。

在工程建设定额中，单位合格产品的外延是很不确定的。它可以指工程建设的最终产品——建设项目，如一个钢铁厂、一所学校等；也可以是建设项目中的某单项工程，如一所学校中的图书馆、教学楼、学生宿舍楼等建筑单体；也可以是单项工程中的单位工程，如一栋教学楼中的建筑工程、水电安装工程、装饰装修工程等；还可以是单位工程中的分部分项工程，如砌一砖清水砖墙、砌1/2砖混水砖墙等。

2. 工程建设定额的分类

工程建设定额是工程建设中各类定额的总称，它包括许多种类的定额，为了对工程建设定额能有一个全面的了解，可以按照不同的原则和方法对它进行科学的分类。

1）按定额反映的生产要素分类。按定额反映的生产要素不同，可以把工程建设定额分为劳动消耗定额、材料消耗定额和机械消耗定额 3 种。

① 劳动消耗定额。劳动消耗定额，简称劳动定额，也称人工定额。它是指完成单位合格产品所需活劳动（人工）消耗的数量标准。为了便于综合和核算，劳动定额大多采用工作时间消耗量来计算劳动消耗的数量。所以劳动定额主要表现形式是时间定额，同时也可以表现为产量定额。人工时间定额和产量定额互为倒数关系。

② 材料消耗定额。材料消耗定额，简称材料定额。它是指完成单位合格产品所需消耗材料的数量标准。材料是工程建设中使用的原材料、成品、半成品、构配件、燃料以及水、电等动力资源的统称。

③ 机械消耗定额。机械消耗定额，简称机械定额。它是指为完成单位合格产品所需施工机械消耗的数量标准。机械消耗定额的主要表现形式是机械时间定额，同时也可以表现为产量定额。机械时间定额和机械产量定额互为倒数关系。

2）按照定额的用途分类。按定额的用途不同，可以把工程建设定额分为施工定额、预算定额、概算定额 3 种。

① 施工定额。施工定额是以"工序"为研究对象编制的定额。它由劳动定额、机械定额和材料定额三个相对独立的部分组成。为了适应组织生产和管理的需要，施工定额的项目

划分很细,是工程建设定额中分项最细、定额子目最多的一种定额,也是工程建设定额中的基础性定额。

施工定额又是施工企业组织施工生产和加强管理在企业内部使用的一种定额,属于企业生产定额的性质。施工定额是作为编制工程的施工组织设计、施工预算、施工作业计划、签发施工任务单、限额领料及结算计件工资或计量奖励工资等的依据,同时也是编制预算定额的基础。

② 预算定额。预算定额是以建筑物或构筑物的各个"分部分项工程"为对象编制的定额。预算定额的内容包括劳动定额、材料定额和机械定额三个组成部分。

预算定额属于计价性质的定额。在编制施工图预算时,是计算工程造价和计算工程中所需劳动力、机械台班、材料数量时使用的一种定额,是确定工程预算和工程造价的重要基础,也可作为编制施工组织设计的参考。同时预算定额也是概算定额的编制基础,所以预算定额在工程建设定额中占有很重要的地位。

③ 概算定额。概算定额是以"扩大的分部分项工程"为对象编制的定额,是在预算定额的基础上综合扩大而成的,每一综合分项概算定额都包含了数项预算定额的内容。概算定额的内容也包括劳动定额、材料定额和机械定额三个组成部分。

概算定额也是一种计价定额。它是编制扩大初步设计概算时,计算和确定工程概算造价,计算劳动力、机械台班、材料需要量所使用的定额。

3)按主编单位和管理权限分类。按主编单位和管理权限不同,可以把工程建设定额分为全国统一定额、行业统一定额、地区统一定额、企业定额 4 种。

① 全国统一定额。全国统一定额是由国家建设行政主管部门综合全国工程建设中技术和施工组织管理的情况编制,并在全国范围内执行的定额,如 GJD 101—1995《全国统一建筑工程基础定额 土建》《全国统一安装工程预算定额》《全国统一市政工程预算定额》等。

② 行业统一定额。行业统一定额是考虑到各行业部门专业工程技术特点,以及施工生产和管理水平编制的。一般是只在本行业和相同专业性质的范围内使用的专业定额,如《矿井建设工程定额》《铁路建设工程定额》等。

③ 地区统一定额。地区统一定额包括省、自治区、直辖市定额。地区统一定额主要是考虑地区性特点和全国统一定额水平做适当调整补充编制的,如《上海市建筑工程预算定额》《广东省建筑工程预算定额》等。

④ 企业定额。企业定额是指由施工企业考虑本企业具体情况,参照国家、部门或地区定额的水平制定的定额。企业定额只在企业内部使用,是企业素质的一个标志。企业定额水平一般应高于国家现行定额,这样才能满足生产技术发展、企业管理和市场竞争的需要。

5.1.3 预算定额

1. 预算定额的概念

预算定额是指完成单位合格产品(分项工程或结构构件)所需的人工、材料和机械消耗的数量标准,是计算建筑安装产品价格的基础。如:16.08 工日/10m³ 一砖混水砖墙;5.3 千块/10m³ 一砖混水砖墙;0.38 台班灰浆搅拌机/10m³ 一砖混水砖墙等。预算定额的编制基础是施工定额。

预算定额是工程建设中一项重要的技术经济文件，它的各项指标，反映了完成单位分项工程消耗的活劳动和物化劳动的数量限度。编制施工图预算时，需要按照施工图和工程量计算规则计算工程量，还需要借助于某些可靠的参数计算人工、材料和机械台班的消耗量，并在此基础上计算出资金的需要量，计算出建筑安装工程的价格。

2. 预算定额的性质

预算定额是在编制施工图预算时，计算工程造价和计算工程中人工、材料和机械台班消耗量使用的一种定额。预算定额是一种计价性质的定额，在工程建设定额中占有很重要的地位。

3. 预算定额的作用

1）预算定额是编制施工图预算、确定建筑安装工程造价的基础。施工图设计完成以后，工程预算就取决于工程量计算是否准确，预算定额水平，人工、材料、机械台班的单价，取费标准等因素。所以，预算定额是确定建筑安装工程造价的基础之一。

2）预算定额是编制施工组织设计的依据。施工组织设计的重要任务之一是确定施工中人工、材料、机械的供求量，并做出最佳安排。施工单位在缺乏企业定额的情况下根据预算定额也能较准确地计算出施工中所需的人工、材料、机械的需要量，为有计划地组织材料采购和预制构件加工、劳动力和施工机械的调配提供了可靠的计算依据。

3）预算定额是工程结算的依据。工程结算是建设单位和施工单位按照工程进度对已完的分部分项工程实现货币支付的行为。按进度支付工程款，需要根据预算定额将已完工程的造价计算出来。单位工程验收后，再按竣工工程量、预算定额和施工合同规定进行竣工结算，以保证建设单位建设资金的合理使用和施工单位的经济收入。

4）预算定额是施工单位进行经济活动分析的依据。预算定额规定的人工、材料、机械的消耗指标是施工单位在生产经营中允许消耗的最高标准。在目前，预算定额决定着施工单位的收入，施工单位就必须以预算定额作为评价企业工作的重要标准，作为努力实现的具体目标。只有在施工中尽量降低劳动消耗、采用新技术、提高劳动者的素质、提高劳动生产率，才能取得较好的经济效果。

5）预算定额是编制概算定额的基础。概算定额是在预算定额的基础上经综合扩大编制的。利用预算定额作为编制依据，不但可以节约编制工作所需的大量的人力、物力、时间，收到事半功倍的效果，还可以使概算定额与预算定额在定额水平上保持一致。

6）预算定额是合理编制招标控制价、拦标价、投标报价的基础。在招投标阶段，建设单位所编制的招标控制价、拦标价，须参照预算定额编制。随着工程造价管理的不断深化改革，对于施工单位来说，预算定额作为指令性的作用正日益削弱，施工企业的报价按照企业定额来编制，只是现在施工单位无企业定额，还在参照预算定额编制投标报价。

4. 预算定额的内容

预算定额是计价用的定额，以单位工程为对象编制，按分部工程分章，章以下为节，节以下为定额子目，每一个定额子目代表一个与之相对应的分项工程，所以分项工程是构成预算定额的最小单元。为方便使用预算定额，一般表现为"量、价"合一，再加上必要的说明与附录，这样就形成了一本可用于套价计算人工费、材料费、机械费的预算定额手册。一般由以下内容构成：

1）主管部门文件。该文件是预算定额具有法令性的必要依据。文件明确规定了预算定额的执行时间、适用范围，并明确了预算定额的解释权和管理权。

2）预算定额总说明。预算定额总说明的内容包括：

① 预算定额的指导思想、目的和作用以及适用范围。

② 预算定额的编制原则、编制的主要依据及有关编制精神。

③ 预算定额的一些共性问题。如人工、材料、机械台班消耗量如何确定；人工、材料、机械台班消耗量允许换算的原则；预算定额考虑的因素、未考虑的因素及未包括的内容；其他的一些共性问题等。

3）建筑面积计算规则。

4）各分部说明。各分部说明的内容包括：

① 各分部工程共性问题说明。

② 各分部工程定额内综合的内容及允许换算的有关规定。

③ 本分部各种调整系数使用规定。

5）各分部工程量计算规则。

6）各分部工程定额项目表。这是预算定额的核心部分，内容包括：

① 各分部分项工程的定额编号、项目名称、计量单位。

② 各定额子目的"基价"，包括：人工费、材料费、机械费，多为编制定额时采用的价格，一般只有参考价值。

③ 各定额子目的人工、材料、机械的名称、单位、单价、消耗量标准。

④ 表上方说明本节工程的工作内容，下方可能有些特殊说明和附注等。

7）预算定额附录——混凝土及砂浆配合比表。

5. 预算定额的编制

1）预算定额的编制原则。为保证预算定额的质量，充分发挥预算定额的作用，使之在实际使用中简便、合理、有效，在编制工作中应遵循以下原则：

① 取社会平均水平的原则。预算定额是确定和控制建筑安装工程造价的主要依据。因此，它必须遵照价值规律的客观要求，即按生产过程中所消耗的社会必要劳动时间确定定额水平，即按照"在现有的社会正常的生产条件下，在社会平均的劳动熟练程度和劳动强度下制造某种使用价值所需要的劳动时间"来确定定额水平。所以预算定额的平均水平，是在正常的施工条件、合理的施工组织和工艺条件、平均劳动熟练程度和劳动强度下，完成一定计量单位分项工程基本构造要素所需的劳动时间。

预算定额的水平以施工定额水平为基础。二者有着密切的联系。但是，预算定额绝不是简单地套用施工定额的水平。首先，这里要考虑预算定额中包含了更多的可变因素，需要保留合理的幅度差。如人工幅度差、机械幅度差、材料的超运距、辅助用工及材料堆放、运输、操作损耗和由细到粗综合后的量差等。其次，预算定额是平均水平，施工定额是平均先进水平。所以两者相比预算定额水平要相对低一些，大约为10%。

② 简明适用原则。编制预算定额贯彻简明适用原则是对执行定额的可操作性便于掌握而言的。为此，编制预算定额时，对于那些主要的、常用的、价值量大的项目，分项工程划分宜细。次要的，不常用的、价值量相对较小的项目则可以放粗一些。要注意补充那些因采用新技术、新结构、新材料和先进经验而出现的新的定额项目。项目不全，缺漏项多，就使建筑安装工程价格缺少充足的、可靠的依据，即补充的定额一般因受资

料所限，且费时费力，可靠性较差，容易引起争执。同时要注意合理确定预算定额的计量单位，简化工程量的计算，尽可能避免同一种材料用不同的计量单位，以及减少留活口，减少换算工作量。

③ 统一性和差别性相结合原则。所谓统一性，就是从培育全国统一市场规范计价行为出发，计价定额的制定规划和组织实施由国务院建设行政主管部门归口，并负责全国统一定额制定或修订，颁发有关工程造价管理的规章制度办法等，这样就有利于通过定额和工程造价的管理实现建筑安装工程价格的宏观调控。通过编制全国统一定额，使建筑安装工程具有一个统一的计价依据，也使考核设计和施工的经济效果具有一个统一的尺度。

所谓差别性，就是在统一性基础上，各部门和省、自治区、直辖市建设行政主管部门可以在自己的管辖范围内，根据本部门和地区的具体情况，制定部门和地区性定额、补充性制度和管理办法，以适应我国幅员辽阔，地区间、部门间发展不平衡和差异大的实际情况。

2）预算定额的编制依据。

① 现行的劳动定额和施工定额。

② 现行的设计规范、施工验收规范、质量评定标准和安全操作规程。

③ 具有代表性的典型工程施工图及有关图集。

④ 新技术、新结构、新材料和先进的施工方案等。

⑤ 有关科学试验、技术测定的统计、经验资料。

⑥ 现行的预算定额、材料预算价格及有关文件规定等。

3）预算定额的编制步骤。预算定额的编制步骤主要有 5 个阶段，如图 5-1 所示。

4）预算定额的编制方法。在定额基础资料完备可靠的条件下，编制人员应反复阅读和熟悉并掌握各项资料，在此基础上计算各个分部分项工程的人工、机械和材料的消耗量。它包括以下几部分工作：

① 确定预算定额的计量单位。预算定额的计量单位关系到预算工作的繁简和准确性，因此，要正确地确定各分部分项工程的计量单位，一般可以依据建筑结构构件形体的特点确定。

一般说来，当结构的 3 个度量都经常发生变化时，选用立方米作为计量单位，如砖石工程和混凝土工程；当结构的 3 个度量中有 2 个度量经常发生变化，厚度有一定规格时，选用平方米作为计量单位，如地面、屋面工程等；当物体断面有一定形状和大小，但是长度不定时，采用延长米作为计量单位，如管道、线路安装工程等；当工程量主要取决于设备或材料的重量时，还可以选用吨、公斤作为计量单位；当建筑结构没有一定规格，其构造又较为复杂时，可选用个、台、座、组作为计量单位，如卫生洁具安装、铸铁水斗等。

定额单位确定以后，有时人工、材料、机械台班消耗量很小，可能到小数后好几位。为减少小数位数和提高预算定额的准确性，通常采用扩大单位的办法，把 $1m^3$、$1m^2$、$1m$ 扩大 10 倍、100 倍、1000 倍，这样可达到相应的准确性。

预算定额中各项人工、机械、材料的计量单位选择相对比较固定。人工按"工日"、机械按"台班"计量；各种材料的计量单位与产品计量单位基本一致。预算定额中的小数位数的取定，主要决定于定额的计算单位和精确度的要求。

② 按典型设计图和资料计算工程数量。计算工程量的目的是通过分别计算典型设计图

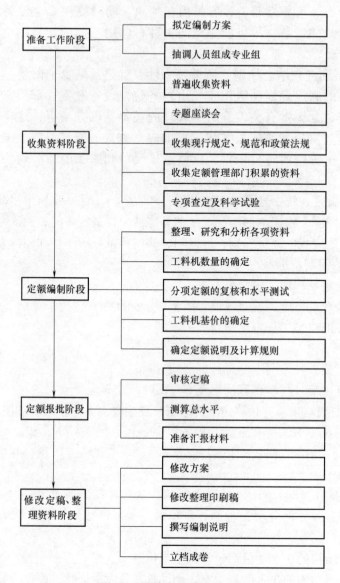

图 5-1　预算定额的编制步骤

所包括的施工过程的工程量，以便在编制预算定额时，有可能利用施工定额或劳动定额的人工、机械和材料消耗指标确定预算定额所含工序的消耗量。

③ 确定预算定额各分项工程的人工、材料、机械台班消耗指标。确定预算定额人工、材料、机械台班消耗量指标时，必须先按施工定额的分项逐项计算出消耗量指标，然后，再按预算定额的项目加以综合。但是，这种综合不是简单的合并和相加，而需要在综合过程中增加两种定额之间的适当水平差，预算定额的水平取决于这些消耗量的合理确定。

④ 编制定额项目表和有关说明。定额项目表的一般格式是：横向排列为各分项工程的项目名称，竖向排列为分项工程的人工、材料、机械台班消耗量指标。有的项目表下部还有附注以及说明设计有特殊要求时，怎样进行调整和换算。表 5-18 为《全国统一建筑工程基础定额（土建上册）》中砌筑工程的砖基础、砖墙预算定额表。

表 5-18 砖基础、砖墙预算定额表

工作内容：砖基础：调运砂浆、铺砂浆、运砖、清理基槽坑、砌砖等。

砖墙：调运、铺砂浆、运砖；砌砖包括窗台虎头砖、腰线、门窗套；安放木砖、铁件等。

（计量单位：10m³）

定 额 编 号			4—1	4—10	4—11
项目		单位	砖基础	混水砖墙	
				一砖	一砖半
人工	综合工日	工日	12.18	16.08	15.63
材料	M5.0 水泥砂浆	m³	2.36		
	M2.5 混合砂浆	m³		2.25	2.40
	普通砖	千块	5.236	5.314	5.350
	水	m³	1.05	1.06	1.07
机械	200L 灰浆搅拌机	台班	0.39	0.38	0.40

5）预算定额人工工日消耗量的确定。

① 含义。预算定额人工工日消耗量是指在正常施工条件下，完成单位合格产品所必须消耗的人工工日数量。如表 5-18 中的定额子目（4—10）：16.08 工日/10m³ 一砖混水砖墙。

② 确定方法。预算定额人工工日消耗量确定的方法有：第一，以劳动定额为基础确定；第二，以现场观察测定资料为基础确定。

③ 确定人工工日消耗量组成。以劳动定额为基础确定预算定额人工工日消耗量组成，见表 5-19。

表 5-19 预算定额人工工日消耗量组成

基本用工	指完成单位合格产品所必须消耗的技术工种用工。按技术工种相应劳动定额的工时定额计算，以不同工种列出定额工日
辅助用工	指技术工种劳动定额内不包括而在预算定额内又必须考虑的工时。如机械土方工程配合用工，电焊点火用工
超运距用工	指预算定额的平均水平运距超过劳动定额规定水平运距部分的用工
人工幅度差	指在劳动定额作业时间之外，在预算定额中应考虑的，在正常施工条件下所发生的各种工时损失。内容如下：①各工种间的工序搭接及交叉作业互相配合所发生的停歇用工；②施工机械在单位工程之间转移及临时水电线路移动所造成的停顿；③质量检查和隐蔽工程验收工作的影响；④班组操作地点转移用工；⑤工序交接时对前一工序不可避免的修整用工；⑥施工中不可避免的其他零星用工

④ 预算定额人工工日消耗量的确定。

$$预算定额人工工日消耗量 = (基本用工 + 超运距用工 + 辅助用工) \times$$
$$(1 + 人工幅度差系数) \tag{5-1}$$

6）预算定额材料消耗量的确定。

① 含义。预算定额材料消耗量是指在正常施工条件下，完成单位合格产品所必须消耗的各种材料数量。如表 5-18 中的定额子目（4—10）：5.314 千块普通砖/10m³ 一砖混水砖墙，2.25m³ 混合砂浆/10m³ 一砖混水砖墙，1.06 水/10m³ 一砖混水砖墙。

② 材料按用途划分。材料按用途划分为以下 4 种：

A. 主要材料。主要材料指直接构成工程实体的材料，其中也包括成品、半成品的材料。

B. 辅助材料。除主要材料以外的构成工程实体的其他材料，如垫木、钉子、钢丝等。

C. 周转性材料。周转性材料指脚手架、模板等多次周转使用的不构成工程实体的摊销性材料。

D. 其他材料。其他材料指用量较少，难以计量的零星用料，如棉纱、编号用的油漆等。

③ 确定方法。预算定额材料消耗量确定方法主要有 4 种，见表 5-20。

表 5-20 预算定额材料消耗量确定方法

现场观察法	对新材料、新结构又不能用其他方法计算定额耗用量时，须用现场测定方法来确定，根据不同条件可以采用写实记录法和观察法，得出定额的消耗量
实验室试验法	指各种强度等级的混凝土及砌筑砂浆配合比的耗用原材料数量的计算，须按规范要求试配，经过试压合格以后并经必要的调整后得出水泥、砂子、石子、水的用量
换算法	各种胶结、涂料等材料的配合比用料，可以根据要求条件换算，得出材料用量
理论公式计算法	凡有标准规格的材料，按规范要求计算定额计量单位耗用量，如砖、防水卷材、块料面层等；凡设计图标注尺寸及下料要求的按设计图尺寸计算材料净用量，如门窗制作用的材料，方、板料等

④ 材料消耗量组成。预算定额材料消耗量由材料净用量和材料损耗量组成。材料净用量是指直接用于建筑和安装工程的材料；材料损耗量是指不可避免的施工废料和不可避免的材料损耗，如现场内材料运输损耗及施工操作过程中的损耗等。

⑤ 材料消耗量确定。材料消耗量可按以下公式计算

$$预算定额材料消耗量 = 材料净用量 + 材料损耗量 \qquad (5-2)$$

$$= 材料净用量 \times (1 + 损耗率) \qquad (5-3)$$

$$材料损耗率 = \frac{损耗量}{净用量} \times 100\% \qquad (5-4)$$

其他材料的确定，一般按工艺测算并在定额项目材料计算表内列出名称、数量，并依据编制期价格与其他材料占主要材料的比率计算，列在定额材料栏之下，定额内可不列材料名称及消耗量。

7）预算定额机械台班消耗量的确定。

① 含义。预算定额机械台班消耗量是指在正常施工条件下，完成单位合格产品所必须消耗的机械台班数量。如表 5-18 中的定额子目（4—10）：0.38 台班灰浆搅拌机/10 m³ 一砖混水砖墙。

② 确定方法。预算定额机械台班消耗量确定的方法有：第一，以施工定额的机械定额为基础确定；第二，以现场观察测定资料为基础确定。

③ 施工定额的机械定额为基础的确定方法。这种方法是以施工定额中的机械定额的机械台班消耗量加上机械幅度差计算预算定额的机械台班消耗量，其计算公式为

$$预算定额机械台班消耗量 = 施工定额机械台班消耗量 + 机械幅度差 \qquad (5-5)$$

$$预算定额机械台班消耗量 = 施工定额机械台班消耗量 \times (1 + 机械幅度差率) \qquad (5-6)$$

注：如遇施工定额缺项者，则需依现场观察测定资料为基础确定。

5.1.4 单位估价表

1. 单位估价表的含义

单位估价表是以货币形式确定一定计量单位某分部分项工程或结构构件直接工程费的计算表格文件。它是根据预算定额所确定的人工、材料、机械台班消耗数量乘以人工工资单价、材料预算价格、机械台班单价汇总而成的估价表。

单位估价表的内容由两部分组成：一是预算定额规定的人工、材料、机械台班的消耗数量；二是当地的人工工资单价、材料预算价格、机械台班单价。编制单位估价表就是把3种"量"与"价"分别结合起来，得出分部分项工程的人工费单价、材料费单价、机械费单价，三者汇总即为分部分项工程单价。

单位估价表是预算定额在各地区的价格表现的具体形式。分部分项工程单价是在采用单价法编制工程概、预算时形成的特有概念，是造价计算中的一个重要环节。

2. 工程单价的编制依据

1）预算定额和概算定额。编制预算单价或概算单价，主要依据之一是预算定额或概算定额。首先，分部分项工程单价的分项是根据定额的分项划分的，所以工程单价的编码、名称、计量单位的确定均以相应的定额为依据。其次，分部分项工程的人工、材料和机械台班消耗的种类和数量，也是依据相应的预算定额或概算定额确定的。

2）人工工资单价、材料预算价格和机械台班单价。分部分项工程单价除了要依据概预算定额确定分部分项工程的人、材、机的消耗数量外，还必须依据人工工资单价、材料预算价格和机械台班单价，才能计算出分部分项工程的人工费单价、材料费单价、机械费单价，从而计算出分部分项工程单价。

3. 工程单价的编制方法

分部分项工程单价的编制方法，简单地说就是将人工、材料、机械台班的消耗量和人工、材料、机械台班的具体单价相结合的过程。分部分项直接工程费单价的计算公式如下

$$分部分项直接工程费单价 = 人工费单价 + 材料费单价 + 机械费单价 \qquad (5-7)$$

其中：

$$人工费单价 = 综合工日的工日数 \times 人工工资单价 \qquad (5-8)$$

$$材料费单价 = \sum(各种材料消耗量 \times 相应材料预算价格) \qquad (5-9)$$

$$机械费单价 = \sum(各种机械台班消耗量 \times 相应施工机械台班单价) \qquad (5-10)$$

【例5-1】 试确定《全国统一建筑工程基础定额（土建上册)》中砖基础（4—1）的分部分项直接工程费单价。已知：某地区的人工工日单价为70元/工日；M5.0水泥砂浆202.17元/m^3；普通砖320.00元/千块；水4元/m^3；200L灰浆搅拌机102.32元/台班。计量单位为10 m^3。

【解】 人工费单价 = 12.18 工日/10m^3 × 70 元/工日 = 852.60 元/10 m^3

材料费单价 = 2.36m^3/10m^3 × 202.17 元/m^3 + 5.236 千块/10m^3 × 320.00 元/千块 +

1.05m^3/10m^3 × 4 元/m^3 = 2156.84 元/10 m^3

机械费单价 = 0.39 台班/10m^3 × 102.32 元/台班 = 39.90 元/10 m^3

分部分项直接工程费单价（基价）= 852.60 元/10m^3 + 2156.84 元/10m^3 + 39.90 元/10m^3

= 3049.34 元/10m^3

若将上述计算编制成表格形式，即为砖基础分项工程单位估价表，见表5-21。

表5-21 砖基础分项工程单位估价表

（定额单位：10 m³）

定额编号					4—1
项目					砖基础
基价/元					3049.34
其中	人工费/元				852.60
	材料费/元				2156.84
	机械费/元				39.90
	名称	单位	单价/元		数量
人工	综合工日	工日	70.00		12.18
材料	M5.0 水泥砂浆	m³	202.17		2.36
	普通砖	千块	320.00		5.236
	水	m³	4.00		1.05
机械	200L 灰浆搅拌机	台班	102.32		0.39

4. 人工工日单价的确定

1）人工工日单价的概念。人工工日单价是指一个建筑安装工人一个工作日（8h）在预算中按现行有关政策法规规定应计人的全部人工费用。

2）人工工日单价的确定。人工工日单价中的每一项组成内容都是根据有关法规、政策文件的精神，结合本部门、本地区的特点，通过反复测算最终确定的。人工工日单价是指预算中使用的生产工人的工资单价，是用于编制施工图预算时计算人工费的标准，而不是企业发给生产工人工资的标准。人工工日单价也不区分工人工种和技术等级，是一种按合理劳动组合加权平均计算的综合工日单价。

5. 材料预算价格的确定

1）材料预算价格的概念。材料预算价格是指材料（包括构配件、成品及半成品）从其来源地（或交货地点）到达施工工地仓库（或施工现场内存放材料的地点）后的出库价格。如：普通砖单价320元/千块；M5.0混合砂浆单价202.17元/m³。

2）材料预算价格的组成内容。材料预算价格一般由材料供应价、运杂费、运输损耗费、采购及保管费、检验试验费等组成。

3）材料预算价格的确定。材料预算价格的计算公式如下

$$材料预算价格 = （材料供应价 + 材料运杂费 + 运输损耗费）×$$
$$（1 + 采购及保管费费率） - 包装品回收价值 \qquad (5-11)$$

① 材料供应价的确定。材料供应价即材料原价，是指材料的出厂价、进口材料的抵岸价或销售部门的批发价或零售价。对同一种材料，因产地、供应渠道不同出现几种供应价时，其综合供应价可按其供应量的比例加权平均计算。加权平均供应价的计算公式如下

$$加权平均供应价 = K_1 C_1 + K_2 C_2 + \cdots + K_n C_n \qquad (5-12)$$

式中 K_1、K_2、$\cdots$、K_n——不同供应地点的供应量或不同使用地点的需要量占所有供应量

或需求量总和的比例；其中，$K_1 = \dfrac{第一供应地点的供应量}{所有供应量的总和}$；$K_2$、

…、K_n 同理；

C_1、C_2、…、C_n——不同供应地点的供应价（原价）。

② 材料运杂费的确定。材料运杂费包括：包装费、装卸费、运输费、调车和驳船费以及附加工作费等。

A. 包装费。包装费是指为了便于材料运输和保护材料进行包装所发生和需要的一切费用。它包括水运、陆运的支撑、篷布、包装袋、包装箱、绑扎等费用。材料运到现场或使用后，要对材料进行回收，回收价值冲减材料预算价格。

$$包装材料回收价值 = \dfrac{包装材料费 \times 回收率 \times 回收价值率}{包装材料数量} \qquad (5\text{-}13)$$

注：若是材料原价中已计入包装费（如袋装水泥等），就不再计算包装费。

B. 运输、装卸等费用。运输、装卸等费的确定，应根据材料的来源地、运输里程、运输方法，并根据国家有关部门或地方政府交通运输管理部门规定的运价标准分别计算。

若同一品种的材料有若干个来源地，其运输、装卸等费用可根据运输里程、运输方法、运价标准，用供应量的比例加权平均的方法计算其加权平均值。加权平均运输等费用的计算公式如下

$$加权平均运输等费用 = K_1 T_1 + K_2 T_2 + \cdots + K_n T_n \qquad (5\text{-}14)$$

式中　K_1、K_2、…、K_n——不同供应地点的供应量或不同使用地点的需要量占所有供应量或

需求量总和的比例；其中，$K_1 = \dfrac{第一供应地点的供应量}{所有供应量的总和}$；$K_2$、…、

K_n 同理；

T_1、T_2、…、T_n——不同供应地点的运输等费用。

③ 材料运输损耗费的确定。

$$材料运输损耗费 = （材料供应价 + 运杂费） \times 相应材料损耗率 \qquad (5\text{-}15)$$

材料运输损耗率可采用表 5-22 中的数值。

表 5-22　材料运输损耗率

材　料　类　别	损耗率（%）
机红砖、空心砖、砂、水泥、陶粒、耐火土、水泥地面砖、白瓷砖、卫生洁具、玻璃灯罩	1
机制瓦、脊瓦、水泥瓦	3
石棉瓦、石子、耐火砖、玻璃、色石子、大理石板、水磨石板、混凝土管、缸瓦管	0.5
砌块	1.5

④ 采购及保管费的确定。采购及保管费一般按照材料到库价格乘以费率取定。采购及保管费的计算公式如下

$$采购及保管费 = 材料运到工地仓库的价格 \times 采购及保管费率 \qquad (5\text{-}16)$$

或　　$采购及保管费 = （材料原价 + 材料运杂费 + 材料运输损耗费） \times 采购及保管费率$

$$(5\text{-}17)$$

注：采购及保管费率由各地区统一规定。

【例5-2】 根据表5-23所给数据计算某地区普通砖的综合预算价格。

表5-23 普通砖的基础数据

供应厂家	供应量	出厂价	运距	运价	密度	装卸费	采保费率	运输损耗费率
	/千块	/(元/千块)	/km	/[元/(t·km)]	/(kg/块)	/(元/t)	(%)	(%)
甲砖厂	150	265	12	0.84				
乙砖厂	350	270	15	0.75	2.6	2.20	2	1
丙砖厂	500	310	5	1.05				

【解】 方法一：

① 求各砖厂的供应比例。

甲砖厂 150 千块/(150 + 350 + 500) 千块 = 0.15

乙砖厂 350 千块/(150 + 350 + 500) 千块 = 0.35

丙砖厂 500 千块/(150 + 350 + 500) 千块 = 0.50

② 求加权平均供应价。

265 元/千块 × 0.15 + 270 元/千块 × 0.35 + 310 元/千块 × 0.5 = 289.25 元/千块

③ 求加权平均运杂费。

(12km × 0.84 元/(t·km) × 0.15 + 15km × 0.75 元/(t·km) × 0.35 + 5km × 1.05 元/(t·km) × 0.5)
　　　　　× 2.6kg/块 + 2.20 元/t × 2.6kg/块 = 26.71 元/千块

④ 求运输损耗费。

运输损耗费 = (289.25 元/千块 + 26.71 元/千块) × 1% = 3.16 元/千块

⑤ 普通砖的综合预算价格。

(289.25 元/千块 + 26.71 元/千块 + 3.16 元/千块) × (1 + 2%) = 325.50 元/千块

方法二：

① 求各砖厂的供应比例。

甲砖厂 150 千块/(150 + 350 + 500) 千块 = 0.15

乙砖厂 350 千块/(150 + 350 + 500) 千块 = 0.35

丙砖厂 500 千块/(150 + 350 + 500) 千块 = 0.50

② 求各砖厂普通砖的预算价格。

甲砖厂 [265 元/千块 + 12km × 0.84 元/(t·km) × 2.6kg/块 + 2.2 元/t × 2.6kg/块] × 1.01 × 1.02 = 305.90 元/千块

乙砖厂 [270 元/千块 + 15km × 0.75 元/(t·km) × 2.6kg/块 + 2.2 元/t × 2.6kg/块] × 1.01 × 1.02 = 314.18 元/千块

丙砖厂 [310 元/千块 + 5km × 1.05 元/(t·km) × 2.6kg/块 + 2.2 元/t × 2.6kg/块] × 1.01 × 1.02 = 339.32 元/千块

③ 普通砖的综合预算价格。

305.90 元/千块 × 0.15 + 314.18 元/千块 × 0.35 + 339.32 元/千块 × 0.5 = 325.50 元/千块

6. 机械台班单价的确定

1）机械台班单价的概念。机械台班单价是指一台施工机械在一个工作班（8h）中，为了使这台施工机械能正常运转所需的全部费用。如 200L 灰浆搅拌机台班单价 102.32 元/台班。

2）机械台班单价的组成内容。机械台班单价由七项费用构成：折旧费、大修理费、经常修理费、安拆费及场外运输费、燃料动力费、人工费、养路费及车船使用税。

3）机械台班单价的确定。

$$机械台班单价 = 台班折旧费 + 台班大修理费 + 台班经常修理费 + 台班安拆费及场外运输费$$
$$+ 台班燃料动力费 + 台班人工费 + 台班养路费及车船使用税$$

$$(5-18)$$

① 折旧费计算。台班折旧费的计算公式如下

$$台班折旧费 = \frac{机械预算价格 \times (1 - 残值率) \times 贷款利息系数}{耐用总台班} \qquad (5-19)$$

A. 机械预算价格。机械预算价格是指施工机械按规定计算的台班单价，由机械原值、供销部门手续费、一次运杂费和车辆购置税构成。

B. 残值率。残值率是指机械报废时回收的残值占机械预算价格的比率。残值率按有关文件规定：运输机械 2%、特大型机械 3%、中小型机械 4%、掘进机械 5% 执行。

C. 贷款利息系数。为补偿企业贷款购置机械设备所支付的利息，以大于 1 的贷款利息系数，将贷款利息分摊在台班折旧费中。贷款利息的计算公式如下

$$贷款利息系数 = 1 + \frac{(n+1)}{2}i \qquad (5-20)$$

式中　n——国家有关文件规定的此类机械折旧年限；

　　　i——当年银行贷款利率。

D. 耐用总台班。耐用总台班是指机械在正常施工条件下，从投入使用直到报废为止，按规定应达到的使用总台班数。

《全国统一施工机械台班费用定额》中的耐用总台班是以"机械经济使用寿命"（指从最佳经济效益的角度出发，机械使用投入费用最低时的使用期限，投入的费用包括燃料动力费、润滑擦拭材料费、保养、修理费用等）为基础，并依据国家有关固定资产折旧年限规定，结合施工机械工作对象和环境以及年能达到的工作台班确定。

机械耐用总台班的计算公式为

$$耐用总台班 = 折旧年限 \times 年工作台班 \qquad (5-21)$$

年工作台班是根据有关部门对各类主要机械最近 3 年的统计资料分析确定。

② 大修理费计算。台班大修理费的计算公式如下

$$台班大修理费 = \frac{一次大修理费 \times 寿命期内大修理次数}{耐用总台班} \qquad (5-22)$$

a. 一次大修理费。一次大修理费按机械设备规定的大修理范围和工作内容，进行一次全面修理所需消耗的工时、配件、辅助材料、油燃料以及送修运输等全部费用计算。

b. 寿命期内大修理次数。为恢复原机械功能按规定在寿命期内需要进行的大修理次数。

c. 耐用总台班 = 大修间隔台班 × 大修周期

d. 大修间隔台班，是指机械自投入使用起至第一次大修止或自上一次大修后投入使用起至下一次大修止，应达到的使用台班教。

e. 大修周期，是指机械正常的施工作业条件下，将其寿命期（即耐用总台班）按规定的大修理次数划分为若干个周期。大修周期的计算公式为

$$大修周期 = 寿命期大修次数 + 1 \qquad (5\text{-}23)$$

③ 经常修理费计算。台班经常修理费计算的计算公式如下

台班经常修理费 =

$$\frac{\sum(各级保养一次费用 \times 寿命期各级保养总次数) + 临时故障排除费 + 替换设备台班摊销费}{耐用总台班} +$$

$$替换设备台班摊销费 + 工具附具台班摊销费 + 例保辅料费 \qquad (5\text{-}24)$$

a. 各级保养一次费用。各级保养一次费用分别指机械在各个使用周期内为保证机械处于完好状况，必须按规定的各级保养间隔周期、保养范围和内容进行的一、二、三级保养或定期保养所消耗的工时、配件、辅料、油燃料等费用。

b. 寿命期各级保养总次数。寿命期各级保养总次数分别指一、二、三级保养或定期保养在寿命期内各个使用周期中保养次数之和。

c. 机械临时故障排除费用、机械停置期间维护保养费。机械临时故障排除费、机械停置期间维护保养费指机械除规定的大修理及各级保养以外，临时故障所需费用以及机械在工作日以外的保养维护所需润滑擦拭材料费，可按各级保养（不包括例保辅料费）费用之和的 ±3% 计算。

d. 替换设备及工具附具台班摊销费。替换设备及工具附具台班摊销费指轮胎、电缆、蓄电池、运输传动带、钢丝绳、胶皮管、履带板等消耗性设备和按规定随机配备的全套工具附具的台班摊销费用。替换设备及工具附具台班的计算公式为

$$替换设备及工具附具台班摊销费 = \sum[(各类替换设备数量 \times 单价 \div 耐用台班) +$$

$$(各类随机工具附具数量 \times 单价 \div 耐用台班)]$$

$$(5\text{-}25)$$

e. 例保辅料费。例保辅料费指机械日常保养所需润滑擦拭材料的费用。

④ 安拆费及场外运输费计算。

$$台班安拆费及场外运输费 = 机械一次安拆的费用 \times 年平均安拆的次数 \div$$

$$年工作台班 + 台班辅助设施费 \qquad (5\text{-}26)$$

$$台班辅助设施费 = (一次运输及装卸费 + 辅助材料一次摊销费 + 一次架线费) \times$$

$$年运输次数 \div 机械年工作台班 \qquad (5\text{-}27)$$

⑤ 燃料动力费计算。定额机械燃料动力消耗量，以实测的消耗量为主，以现行定额的消耗量和调查的消耗量为辅的方法确定。燃料动力费的计算公式如下

$$台班燃料动力消耗量 = (实测数 \times 4 + 定额平均值 + 调查平均值)/6 \qquad (5\text{-}28)$$

$$台班燃料动力费 = 台班燃料动力消耗量 \times 相应单价 \qquad (5\text{-}29)$$

⑥ 台班人工费的计算。台班人工费的计算公式如下

$$台班人工费 = 定额机上人工工日 \times 日工资单价 \qquad (5\text{-}30)$$

$$定额机上人工工日 = 机上定员工日 \times (1 + 增加工日系数) \qquad (5\text{-}31)$$

$$增加工日系数 = (年日历天数 - 规定节假公休日 - 辅助工资中年非工作日 -$$

$$机械年工作台班）÷机械年工作台班 \tag{5-32}$$

增加工日系数一般取定为 0.25。

⑦ 车船使用税 = 载重量（或核定自重吨位）× 车船使用税标准 ÷ 机械年工作台班

$$\tag{5-33}$$

7. 预算定额或单位估价表的应用

1）根据预算定额计算分部分项工程的直接工程费。若是用定额计价法编制单位工程施工图预算，可利用预算定额手册中的"单位估价表"计算分部分项工程的直接工程费。

【例 5-3】 某省预算定额中砌"一砖混水砖墙"的"单位估价表"见表 5-24。某工程根据施工图和工程量计算规则，计算出"一砖混水砖墙"工程量为 200m³，试计算所需的直接工程费。

表 5-24 砖墙分项工程单位估价表

（定额单位：10m³）

定 额 编 号				01030009
项目				一砖混水砖墙
基价/元				3487.02
其中	人工费/元			1125.60
	材料费/元			2322.54
	机械费/元			38.88
	名称	单位	单 价/元	数量
人工	综合工日	工日	70.00	16.08
材料	M5.0 混合砂浆	m³	248.00	2.396
	普通砖	千块	325.50	5.30
	水	m³	3.00	1.06
机械	200L 灰浆搅拌机	台班	102.32	0.38

【解】 砌筑 200m³ "一砖混水砖墙"所需的直接工程费为

人工费 = 1125.60 元 × 200m³ ÷ 10m³ = 22512.00 元

材料费 = 2322.54 元 × 200m³ ÷ 10m³ = 46450.80 元

机械费 = 38.88 元 × 200m³ ÷ 10m³ = 777.60 元

直接工程费 = 22512.00 元 + 46450.80 元 + 777.60 元 = 69740.40 元

或 直接工程费 = 3487.02 元 × 200m³ ÷ 10m³ = 69740.40 元

2）根据预算定额计算分部分项工程费。若是用工程量清单计价法编制单位工程施工图预算，可利用预算定额中人工、材料、机械台班消耗量，当地现行的人工、材料、机械台班单价，以及管理费率和利润率确定分部分项工程费。

【例 5-4】 某省的预算定额中砌"一砖混水砖墙"的定额消耗量见表 5-25。某工程根据招标文件提供的"工程量清单"，查出"一砖混水砖墙"的清单工程量为 200m³，试计算砌筑 200m³ "一砖混水砖墙"所需的分部分项工程费（包括人工费、材料费、机械费、管理费、利润）。

表 5-25 砖墙预算定额消耗量

（定额单位：10m³）

定 额 编 号			01030009
项 目			一砖混水砖墙
名 称		单 位	数 量
人工	综合工日	工日	16.08
材料	M5.0 混合砂浆	m³	2.396
	普通砖	千块	5.30
	水	m³	1.06
机械	200L 灰浆搅拌机	台班	0.38

已知：该地区的人工工日单价为 75.00 元/工日；M5.0 混合砂浆 248.00 元/m³；普通砖 325.50 元/千块；水 3.00 元/m³；200L 灰浆搅拌机 102.32 元/台班；管理费率为 33%（以人、机费之和为计费基数取费）；利润率为 20%（以人、机费之和为计费基数取费）。

【解】 从表 5-25 可知定额编号为 01030009 的"一砖混水砖墙"的人、材、机的消耗量，根据当地人工、材料、机械台班的单价，可求出"综合单价"中的人、材、机单价，再依据管理费率、利润率求出管理费和利润单价，从而可求出"一砖混水砖墙"分项工程的"综合单价"，最后求出砌筑 200m³ "一砖混水砖墙"的分部分项工程费。具体计算如下

人工费单价 = 16.08 工日/10m³ × 75.00 元/工日 = 1206.00 元/10m³

材料费单价 = 2.396m³/10m³ × 248.00 元/m³ + 5.30 千块/10m³ × 325.50 元/千块 +
  1.06m³/10m³ × 3 元/m³ = 2322.54 元/10m³

机械费单价 = 0.38 台班/10m³ × 102.32 元/台班 = 38.88 元/10m³

管理费单价 = (1206.00 + 38.88) 元/10m³ × 33% = 410.81 元/10m³

利润单价 = (1206.00 + 38.88) 元/10m³ × 20% = 248.98 元/10m³

综合单价 = (1206.00 + 2322.54 + 38.88 + 410.81 + 248.98) 元/10m³
  = 4227.21 元/10m³ = 422.72 元/m³

所以，砌筑 200m³ "一砖混水砖墙"的分部分项工程费为

422.72 元/m³ × 200m³ = 84544 元

3）根据预算定额消耗量进行工料分析。单位工程施工图预算的工料分析，是根据单位工程各分部分项工程的施工工程量（也就是定额工程量），套用预算定额中的消耗量标准，详细计算出一个单位工程的人工、材料、机械台班的需用量的分解汇总过程。

通过工料分析，可得到单位工程的人工、材料、机械台班的需用量，它是工程消耗的最高限额；是编制单位工程劳动计划、材料供应计划的基础；是经济核算的基础；是向班组下达施工任务和考核人工、材料节超情况的依据。它为分析技术经济指标提供了依据；也为编制施工组织设计和施工方案提供了依据。

【例 5-5】 根据 GJDGZ 101—1995《全国统一建筑工程预算工程量计算规则》计算出"砖基础"分项工程的施工工程量为 30m³，用《全国统一建筑工程基础定额（土建上册）》中砖基础（见表 5-18）的人、材、机的消耗量，分析砌筑 30m³ 砖基础分项工程所需的人

工、普通砖、M5.0 水泥砂浆的需用量。

【解】　具体分析计算如下

$$综合工日 = 12.18 \text{ 工日} \times 30/10 = 36.54 \text{ 工日}$$

$$普通砖 = 5.236 \text{ 千块} \times 30/10 = 15.708 \text{ 千块}$$

$$M5.0 \text{ 水泥砂浆} = 2.36 \text{m}^3 \times 30/10 = 7.08 \text{m}^3$$

【例 5-6】　上例中，若 M5.0 水泥砂浆要求在现场拌制，试分析拌制 M5.0 水泥砂浆所需的水泥、砂及水的用量。

【解】　在工料分析中，依据预算定额中的消耗量标准，对混凝土及砂浆等半成品，只能做一次分析。若需计算混凝土及砂浆中的各种材料用量，还需依据混凝土及砂浆配合比含量做二次分析。

查《全国统一建筑工程基础定额（土建下册）》知：M5.0 水泥砂浆拌制需用 P.S42.5 水泥 210kg/m³，中砂 1.02m³/m³，水 0.22 m³/m³，则计算得：

$$P.S42.5 \text{ 水泥用量} = 7.08 \text{m}^3 \times 210 \text{kg/m}^3 = 1486.8 \text{kg}$$

$$中砂用量 = 7.08 \text{m}^3 \times 1.02 \text{m}^3/\text{m}^3 = 7.22 \text{m}^3$$

$$水用量 = 7.08 \text{m}^3 \times 0.22 \text{m}^3/\text{m}^3 = 1.56 \text{m}^3$$

5.2　工程量清单

5.2.1　工程量清单概述

《清单计价规范》第 2.0.1 条规定：工程量清单是"载明建设工程分部分项工程项目、措施项目、其他项目的名称和相应数量以及规费、税金项目等内容的明细清单"。也就是说，工程量清单是按照招标文件要求和施工图要求，将拟建招标工程的全部项目和内容，依据《计量规范》中统一的"项目编码、项目名称、计量单位、工程量计算规则"，列在清单上作为招标文件的组成部分，供投标单位逐项填写单价用于投标报价的明细清单。

工程量清单划分为招标工程量清单和已标价工程量清单。

招标工程量清单是指招标人依据国家标准、招标文件、设计文件以及施工现场实际情况编制的，随招标文件发布供投标人报价的工程量清单，包括其说明及表格。

招标工程量清单是招标文件的重要组成部分，是工程量清单计价的基础，应作为编制招标控制价、投标报价的依据之一。

（1）工程量清单的组成内容。工程量清单应由分部分项工程项目清单、措施项目清单、其他项目清单、规费项目清单、税金项目清单组成。

（2）工程量清单编制依据

①《清单计价规范》和《计量规范》。

②国家或省级、行业建设主管部门颁发的计价定额和办法。

③建设工程设计文件。

④与建设工程项目有关的标准、规范、技术资料。

⑤拟定的招标文件。

⑥ 施工现场情况、工程特点及常规施工方案。

⑦ 其他相关资料。

5.2.2 工程量清单编制要点

1. 分部分项工程项目清单编制要点

1）分部分项工程项目清单应必须载明项目编码、项目名称、项目特征、计量单位和工程量。

2）分部分项工程项目清单必须根据相关工程现行国家计量规范规定的项目编码、项目名称、项目特征、计量单位和工程量计算规则进行编制。

3）工程量清单的项目编码，应采用十二位阿拉伯数字表示。一至九位应按附录的规定设置，十至十二位应根据拟建工程的工程量清单项目名称设置。同一招标工程的项目编码不得有重码。

各位数字的含义是：

第一、二位为专业工程代码，其中规定：

01——房屋建筑与装饰工程

02——仿古建筑工程

03——通用安装工程

04——市政工程

05——园林绿化工程

06——矿山工程

07——构筑物工程

08——城市轨道交通工程

09——爆破工程

第三、四位为附录分类顺序码。

第五、六位为分部工程顺序码。

第七、八、九位为分项工程项目名称顺序码。

第十、十一、十二位为清单项目名称顺序码。

4）工程量清单的项目名称应按附录的项目名称结合拟建工程的实际确定。

5）工程量清单的项目特征应按附录中规定的项目特征，结合拟建工程项目的实际予以描述。项目特征为构成分部分项工程量清单项目、措施项目自身价值的本质特征，见表5-26。

表5-26 工程量清单项目名称及项目特征

项 次	项目编码	项目名称及项目特征
1	010101004 001	挖基坑土方：二类土，挖土深度1.25m，场外弃土6km
2	010101003 001	挖沟槽土方：二类土，挖土深度1.25m，场外弃土6km
3	010401001 001	砖基础：条形基础，MU10普通砖，M10水泥砂浆
4	010401003 001	实心砖墙：一砖厚直形墙，MU7.5普通砖，M10混合砂浆
5	010401003 002	实心砖墙：一砖厚直形墙，MU7.5普通砖，M5.0混合砂浆
6	010502002 001	构造柱：现浇混凝土，C20

6）工程量清单中所列工程量应按附录中规定的工程量计算规则计算。

7）工程量清单的计量单位应按附录中规定的计量单位确定。

8）编制工程量清单出现附录中未包括的项目，编制人应作补充，并报省级或行业工程造价管理机构备案，省级或行业工程造价管理机构应汇总报住房和城乡建设部标准定额研究所。

补充项目的编码由国家计量规范的代码与 B 和三位阿拉伯数字组成，并应从××B001起顺序编制，同一招标工程的项目不得重码。

补充的工程量清单需附有补充项目的名称、项目特征、计量单位、工程量计算规则、工程内容。

9）分部分项工程项目清单应采用《清单计价规范》中规定的格式，见表 5-27。

表 5-27　分部分项工程项目清单

工程名称：　　　　　　　　　　　　　　　　　　　　　　　　　第×页　共×页

序　号	项 目 编 码	项 目 名 称	项目特征描述	计 量 单 位	工 程 数 量

2. 措施项目清单编制要点

1）措施项目清单必须根据相关工程现行国家计量规范的规定编制。

2）措施项目清单应根据拟建工程的实际情况列项。

3）措施项目中列出了项目编码、项目名称、项目特征、计量单位和工程量计算规则的项目，编制工程量清单时，应按照国家计量规范分部分项工程的规定执行。

4）措施项目中仅列出项目编码、项目名称，未列出项目特征、计量单位和工程量计算规则的项目，编制工程量清单时，应按照国家《计量规范》附录中的措施项目规定的项目编码、项目名称确定（如《房屋建筑与装饰工程工程量计算规范》附录 S 中规定的脚手架、模板、垂直运输、超高施工增加、大型机械设备进出场和安拆、施工排降水、安全文明施工及其他措施项目等）。

3. 其他项目清单编制要点

1）其他项目清单应按照下列内容列项：

① 暂列金额。

② 暂估价：包括材料暂估单价、工程设备暂估单价、专业工程暂估价。

③ 计日工。

④ 总承包服务费。

2）暂列金额应根据工程特点按有关计价规定估算。

3）暂估价中的材料、工程设备暂估单价应根据工程造价信息或参照市场价格估算，列出明细表；专业工程暂估价应分不同专业，按有关计价规定估算，列出明细表。

4）计日工应列出项目名称、计量单位和暂估数量。

5）总承包服务费应列出服务项目及其内容。

6）出现第一条未列的项目，可根据工程实际情况补充。

4. 规费项目清单编制要点

1）规费项目清单应按照下列内容列项：

① 社会保障费：包括养老保险费、失业保险费、医疗保险费、工伤保险费、生育保险费。

② 住房公积金。

③ 工程排污费。

2）出现上一条未列的项目，应根据省级政府或省级有关部门的规定列项。

5. 税金项目清单编制要点

1）税金项目清单应包括下列内容：

① 增值税。

② 城市维护建设税。

③ 教育费附加。

④ 地方教育附加。

2）出现上一条未列的项目，应根据税务部门的规定列项。

5.2.3　工程量清单编制规定

1）招标工程量清单应由具有编制能力的招标人或受其委托，具有相应资质的工程造价咨询人编制。

2）招标工程量清单必须作为招标文件的组成部分，其准确性和完整性由招标人负责。

3）招标工程量清单是工程量清单计价的基础，应作为编制招标控制价、投标报价、计算或调整工程量、索赔等的依据之一。

4）招标工程量清单应以单位（项）工程为单位编制，应由分部分项工程项目清单、措施项目清单、其他项目清单、规费项目清单和税金项目清单组成。

5）编制招标工程量清单应依据：

①《清单计价规范》和相关专业工程的《计量规范》。

② 国家或省级、行业建设主管部门颁发的计价定额和办法。

③ 建设工程设计文件及相关资料。

④ 与建设工程有关的标准、规范、技术资料。

⑤ 拟定的招标文件。

⑥ 施工现场情况、地勘水文资料、工程特点及常规施工方案。

⑦ 其他相关资料。

5.2.4　工程量清单表格样式

工程量清单文件由以下表格组成：

① 工程量清单封面。

② 工程量清单填表须知。

③ 工程量清单总说明。

④ 分部分项工程项目清单。

⑤ 措施项目清单。

⑥ 其他项目清单。

⑦ 规费及税金项目清单。

表格样式举例如下：

表一：工程量清单封面（见表5-28）。

表5-28　工程量清单封面

□□□□□□工程

工程量清单

招标人（盖章）：＿＿＿＿＿＿　　　　　　工程造价咨询人（盖章）：<u>造价咨询公司</u>

法定代表人（签字盖章）＿＿＿　　　　　　法定代表人（签字盖章）：＿＿＿

编制人（签字盖专用章）：＿＿＿＿＿　　　复核人（签字盖专用章）：＿＿＿＿＿

编制时间：　　年　月　日　　　　　　　　复核时间：　　年　月　日

表二：工程量清单填表须知（见表5-29）。

表5-29　工程量清单填表须知

填表须知

1. 工程量清单及其计价格式中所有要求签字、盖章的地方，必须由规定的人员签字、盖章。

2. 工程量清单及其计价格式中的任何内容不得随意删除或涂改。

3. 工程量清单计价格式表中列明的所有需要填报的单价和合价，投标人均应填报，未填报的单价和合价，视为此项费用已包括在工程量清单的其他单价和合价中。

4. 金额（价格）均以<u>人民币</u>表示。

表三：工程量清单总说明（见表5-30）。

表5-30　工程量清单总说明

工程名称：××工程　　　　　　　　　　　　　　　　　　　第×页　共×页

1. 工程概况：建筑面积1000m²，四层，毛石基础，砖混结构。施工工期200天。施工现场邻近城市主干道，交通运输方便。施工现场少有积水，距现场南300m处为校医院，施工中要防噪声。

2. 招标范围：全部建筑工程及装饰工程。

3. 清单编制依据：《清单计价规范》，由××大学建筑设计院设计的施工图文件，常规的施工方案。

4. 工程质量要求达到优良要求。

5. 考虑施工中可能发生的设计变更或清单有误，暂列金额为10万元。

6. 投标人应按《清单计价规范》规定的统一格式，提供"分部分项工程项目清单综合单价分析表""措施项目费分析表"。

7. 随清单附有"主要材料价格表"，投标人应按其规定内容填写。

表四：分部分项工程项目清单（见表5-31）。

表 5-31　分部分项工程项目清单

工程名称：××工程　　　　　　　　　　　　　　　　　　　　　　　第×页　共×页

序　号	项目编码	项目名称	项目特征	计量单位	工程数量
		土石方工程			
1	010101003001	挖沟槽土方	二类土，槽宽1.0m，深1.15m，弃土运距120m	m³	400
2	010101003002	挖沟槽土方	二类土，槽宽1.2m，深1.8m，弃土运距120m	m³	700
		砌筑工程			
3	010403001001	石基础	毛石条形基础，M5.0水泥砂浆砌筑，深1.6m	m³	380
4	010401003001	实心砖墙	一砖混水墙，M5.0混合砂浆砌筑	m³	780
		……			

表五：措施项目清单（见表5-32）。

表 5-32　措施项目清单

工程名称：××工程　　　　　　　　　　　　　　　　　　　　　　　第×页　共×页

序　号	项目名称	计算基础	费率（%）	金额/元
1	安全文明施工费			
2	夜间施工增加费			
3	二次搬运费			
4	冬雨季施工			
5	大型机械设备进出场及安拆费			
6	施工排水			
7	施工降水			
8	地上、地下设施，建筑物的临时保护设施			
9	已完工程及设备保护			
10	各专业工程的措施项目			
11	模板			
12	脚手架			
13	垂直运输			
14	超高施工增加			
	合　　计			

表六：其他项目清单（见表5-33）。

表 5-33　其他项目清单

工程名称：××工程　　　　　　　　　　　　　　　　　　　　　　　第×页　共×页

序　号	项目名称	计量单位	金额/元	备　注
1	暂列金额			
2	暂估价			
2.1	材料暂估价			

（续）

序　号	项目名称	计量单位	金额/元	备　注
2.2	专业工程暂估价			
3	计日工			
4	总承包服务费			
5				
	合计			—

表七：规费及税金项目清单（见表5-34）。

表5-34　规费及税金项目清单

工程名称：××工程　　　　　　　　　　　　　　　　　　　　第×页　共×页

序　号	项目名称	计算基础	费率/%	金额/元
1	规费			
1.1	工程排污费			
1.2	社会保险及住房公积金	分部分项工程费中人工费		
1.3	危险作业意外伤害保险	分部分项工程费+措施项目费+其他项目费		
2	税金	分部分项工程费+措施项目费+其他项目费+规费		
	合计			

5.2.5　编制工程量清单应注意的事项

1）分部分项工程量清单编制要求数量准确，避免错项、漏项。因为投标人要根据招标人提供的清单进行报价，如果工程量都不准确，报价也不可能准确。因此清单编制完成以后，除编制人要反复校核外，还必须要由其他人审核。

2）随着建设领域新材料、新技术、新工艺的出现，《计量规范》附录中缺项的项目，编制人可以作补充。

3）《计量规范》附录中的9位编码项目，有的涵盖面广，编制人在编制清单时要根据设计要求仔细分项。其宗旨就是要使清单项目名称具体化、项目划分清晰，以便于投标人报价。

4）编制工程量清单是一项涉及面广、环节多、政策性强、对技术和知识都有很高要求的技术经济工作。造价人员必须精通《计量规范》，认真分析拟建工程的项目构成和各项影响因素，多方面接触工程实际，才能编制出高水平的工程量清单。

5.3　工程量清单计价

5.3.1　工程量清单计价概述

1. 工程量清单计价含义

工程量清单计价是指国家标准《建设工程工程量清单计价规范》发布以来我国推行的

计价模式。它是一种在建设工程招标投标中，招标人按照国家现行《清单计价规范》和《计量规范》编制"招标工程量清单"，由投标人依据"招标工程量清单"自主报价的计价方式。

2. 工程量清单计价的费用组成

工程量清单计价的费用组成见表5-35。

表5-35　工程量清单计价的费用组成

费用项目		费用组成内容
分部分项工程费	直接工程费	人工费、材料费、机械费
	管理费	管理人员工资、办公费、差旅交通费、固定资产使用费、工具用具使用费、劳动保险和职工福利费、劳动保护费、检验试验费、工会经费、职工教育经费、财产保险费、财务费、税金、其他
	利润	施工企业完成所承包工程获得的盈利
措施项目费		1）总价措施费：安全文明施工费（含环境保护费，文明施工费，安全施工费，临时设施费）、夜间施工增加费、二次搬运费、已完工程及设备保护费、特殊地区施工增加费、其他措施费（含冬雨季施工增加费，生产工具用具使用费，工程定位复测、工程点交、场地清理费） 2）单价措施费：脚手架费、混凝土模板及支架费、垂直运输费、超高施工增加费、大型机械设备进出场及安拆费、施工排水降水费
其他项目费		暂列金额、暂估价、计日工、总包服务费、其他（含人工费调差，机械费调差，风险费，停工、窝工损失费，承发包双方协商认定的有关费用）
规费		社会保险费（含养老保险费，失业保险费，医疗保险费，生育保险费，工伤保险费）、住房公积金、残疾人保障金、危险作业意外伤害险、工程排污费
税金		增值税、城市建设维护税、教育费附加、地方教育附加

3. 编制依据

1）国家标准《清单计价规范》和相应专业工程的《计量规范》。

2）国家或省级、行业建设主管部门颁发的计价定额和计价办法。

3）建设工程设计文件及相关资料。

4）拟定的招标文件及招标工程量清单。

5）与建设项目有关的标准、规范、技术资料。

6）施工现场情况、工程特点及常规施工方案。

7）工程造价管理机构发布的工程造价信息，当工程造价信息没有发布时，参照市场价。

8）其他相关资料。

4. 编制步骤

1）准备阶段。

① 熟悉施工图、招标文件。

② 参加图样会审、踏勘施工现场。

③ 熟悉施工组织设计或施工方案。

④ 确定计价依据。

2）编制试算阶段。

① 针对工程量清单，参照当地现行的计价定额和计价办法，人、材、机价格信息，先计算分部分项工程项目清单的综合单价，从而计算出分部分项工程费。

② 参照当地现行的计价定额和计价办法计算措施项目费、其他项目费、规费、税金。

③ 按照规定的程序汇总计算单位工程造价。

④ 汇总计算单项工程造价、建设项目总价。

⑤ 主要材料分析。

⑥ 填写编制说明和封面。

3）复算收尾阶段。

① 复核。

② 装订签章。

5. 工程量清单计价文件组成

1）封面及投标总价。

2）总说明。

3）建设项目汇总表。

4）单项工程汇总表。

5）单位工程费用汇总表。

6）分部分项工程/单价措施项目清单与计价表。

7）综合单价分析表。

8）综合单价材料明细表。

9）总价措施项目清单与计价表。

10）其他项目清单与计价汇总表。

11）暂列金额明细表。

12）材料（工程设备）暂估单价及调整表。

13）专业工程暂估价表及结算价表。

14）计日工表。

15）总承包服务费计价表。

16）发包人提供材料和工程设备一览表。

17）规费、税金项目计价表。

6. 工程量清单计价文件的常用表格

根据《清单计价规范》规定，工程量清单计价的表格主要有以下 22 种。

1）用于招标控制价的封面（见表 5-36）。

2）用于招标控制价的扉页（见表 5-37）。

3）用于投标报价的封面（见表 5-38）。

4）用于投标报价的扉页（见表 5-39）。

表 5-36　招标控制价封面

_____工程

招标控制价

招标人：_____

（单位盖章）

造价咨询人：_____

（单位盖章）

年　月　日

表 5-37　招标控制价扉页

_____工程

招标控制价

招标控制价（小写）：_____

（大写）：_____

招标人：_____　　　造价咨询人：_____

（单位盖章）　　　　　　　　　　（单位资质专用章）

法定代表人　　　　　　　　　　　　法定代表人

或其授权人：_____　　　或其授权人：_____

（签字或盖章）　　　　　　　　　　（签字或盖章）

编制人：_____　　　复核人：_____

（造价人员签字盖专用章）　　　　　　　（造价工程师签字盖专用章）

编制时间：　　年　月　日　　　　　复核时间：　　年　月　日

表 5-38　投标报价封面

_____工程

投标报价

投标人：_____

（单位盖章）

年　　月　　日

表 5-39　投标报价扉页

_____工程

投标总价

招标人：_____

工程名称：_____

投标总价（小写）：_____

（大写）：_____

投标人：_____

（单位盖章）

法定代表人或其授权人：_____

（签字或盖章）

编制人：_____

（造价人员签字盖专用章）

编制时间：　　年　　月　　日

5）总说明（见表 5-40）。

表 5-40　总说明

工程名称：　　　　　　　　　　　　　　　　　　　　第×页　共×页

1）工程概况：

2）编制依据：

3）其他问题：

6）建设项目招标控制价／投标报价汇总表（见表 5-41）。

表 5-41　建设项目招标控制价／投标报价汇总表

工程名称：　　　　　　　　　　　　　　　　　　　　第×页　共×页

序　号	单项工程名称	金额/元	其中/元			
			暂　估　价	安全文明施工费	规　费	税　金

（续）

序　号	单项工程名称	金额/元	其中/元			
			暂　估　价	安全文明施工费	规　费	税　金
	合计					

7）单项工程费用汇总表（见表5-42）。

表5-42　单项工程招标控制价/投标报价汇总表

工程名称：　　　　　　　　　　　　　　　　　　　　　　　　第×页　共×页

序　号	单项工程名称	金额/元	其中/元			
			暂　估　价	安全文明施工费	规　费	税　金
	合计					

8）单位工程费用汇总表（见表 5-43）。

表 5-43　单位工程招标控制价/投标报价汇总表

工程名称：　　　　　　　　　　　　　　　　　　　　　　　　　　第 × 页　共 × 页

序　号	汇总内容	金额/元	其中：暂估价/元
1	分部分项工程费		
1.1	人工费		
1.2	材料费		
1.3	设备费		
1.4	机械费		
1.5	管理费和利润		
2	措施项目费		
2.1	单价措施项目费		
2.1.1	人工费		
2.1.2	材料费		
2.1.3	机械费		
2.1.4	管理费和利润		
2.2	总价措施项目费		
2.2.1	安全文明施工费		
2.2.2	其他总价措施项目费		
3	其他项目费		
3.1	暂列金额		
3.2	专业工程暂估价		
3.3	计日工		
3.4	总承包服务费		
3.5	其他		
4	规费		
5	税金		
招标控制价/投标报价合计 = 1 + 2 + 3 + 4 + 5			

注：此表为 2013 新表。

9）分部分项工程/单价措施项目清单与计价表（见表 5-44）。

表 5-44　分部分项工程/单价措施项目清单与计价表

工程名称：　　　　　　　　　　　　　　　　　　　　　　　　　　第 × 页　共 × 页

序号	项目编码	项目名称	项目特征描述	计量单位	工程量	金额/元				
						综合单价	合价	其中		
								人工费	机械费	暂估价

（续）

序号	项目编码	项目名称	项目特征描述	计量单位	工程量	金额/元				
						综合单价	合价	其中		
								人工费	机械费	暂估价
			本页小计							
			合计							

10）综合单价分析表（样式一）（见表5-45）。

表5-45　综合单价分析表（样式一）

工程名称：
第×页　共×页

项目编码			项目名称		计量单位	
清单综合单价组成明细						

定额编号	定额项目名称	定额单位	数量	单价/元			合价/元					
				人工费	材料费	机械费	人工费	材料费	机械费	管理费	利润	风险费
人工单价			小计									
元/工日			未计价材料费									
清单项目综合单价												

材料费明细	主要材料名称、规格、型号	单位	数量	单价/元	合价/元	暂估单价/元	暂估合价/元
	其他材料费						
	材料费小计						

注：此表为2013国标清单计价规范统一样式。

11）综合单价分析表（样式二）（见表5-46）。

表 5-46　综合单价分析表（样式二）

工程名称：　　　　　　　　　　　　　　　　　　　　　　　　　　第×页　共×页

序号	项目编码	项目名称	计量单位	工程量	清单综合单价组成明细										综合单价
					定额编号	定额名称	定额单位	数量	单价/元			合价/元			
									人工费	材料费	机械费	人工费	材料费	机械费	管理费和利润	

注：此表为某省 2013 新表。

12）综合单价材料明细表（见表 5-47）。

表 5-47　综合单价材料明细表

工程名称：　　　　　　　　　　　　　　　　　　　　　　　　　　第×页　共×页

序号	项目编码	项目名称	计量单位	工程量	材料组成明细						
					主要材料名称、规格、型号	单位	数量	单价/元	合价/元	暂估材料单价/元	暂估材料合价/元
					其他材料费						
					材料费小计						
					其他材料费						
					材料费小计						

注：1. 招标文件提供了暂估单价的材料，按暂估的单价填入表内"暂估单价"栏和"暂估合价"栏。

　　2. 此表为某省 2013 新表。

13）措施项目清单与计价表（见表5-48）。

表 5-48　措施项目清单与计价表

工程名称：　　　　　　　　　　　　　　　　　　　　　　　　　　第×页　共×页

序号	项目名称	计量单位	计算方法	金额/元
1	安全文明施工费			
2	夜间施工增加费			
3	二次搬运费			
4	其他（冬雨季施工、定位复测、生产工具用具使用等）			
5	大型机械设备进出场及安拆费		详见分析表	
6	施工排水、降水		详见分析表	
7	地上、地下设施、建筑物的临时保护设施			
8	已完工程及设备保护		详见分析表	
9	模板及支撑		详见分析表	
10	脚手架		详见分析表	
11	垂直运输		详见分析表	
12	超高施工增加			
	合计			

14）总价措施项目清单与计价表（见表5-49）。

表 5-49　总价措施项目清单与计价表

工程名称：　　　　　　　　　　　　　　　　　　　　　　　　　　第×页　共×页

序号	项目编码	项目名称	计算基础	费率（%）	金额/元	调整费率（%）	调整后金额/元	备注

注：1. 按施工方案计算的措施费，若无"计算基础"和"费率"的数值，也可只填"金额"数值，但应在备注栏说明施工方案出处或计算方法。
　　2. 此表为某省2013新表。

15）其他项目计价清单与计价汇总表（见表5-50）。

表 5-50　其他项目清单与计价汇总表

工程名称：　　　　　　　　　　　　　　　　　　　　　　　　　　第×页　共×页

序号	项目名称	金额/元	结算金额/元	备注
1	暂列金额			详见明细表
2	暂估价			
2.1	材料（工程设备）暂估价/结算价	—		详见明细表

（续）

序号	项 目 名 称	金额/元	结算金额/元	备　注
2.2	专业工程暂估价/结算价			详见明细表
3	计日工			详见明细表
4	总承包服务费			详见明细表
5	其他			
5.1	人工费调差			
5.2	机械费调差			
5.3	风险费			
5.4	索赔与现场签证	—		详见明细表
	合计			

注：1. 材料（工程设备）暂估单价进入清单项目综合单价，此处不汇总。

　　2. 人工费调差、机械费调差和风险费应在备注栏说明计算方法。

　　3. 此表为某省2013新表。

16）暂列金额明细表（见表5-51）。

表 5-51　暂列金额明细表

工程名称：　　　　　　　　　　　　　　　　　　　　　　　　　　　　第 × 页　共 × 页

序　号	项 目 名 称	计 量 单 位	暂定金额/元	备　注
	合计			

注：此表由招标人填写，如不能详列，也可只列暂定金额总额，投标人应将上述暂列金额计入投标总价中。

17）材料（工程设备）暂估单价及调整表（见表5-52）。

表 5-52　材料（工程设备）暂估单价及调整表

工程名称：　　　　　　　　　　　　　　　　　　　　　　　　　　　　第 × 页　共 × 页

序号	材料（工程设备）名称、规格、型号	计量单位	数量		暂估/元		确认/元		差额±/元		备注
			暂估	确认	单价	合价	单价	合价	单价	合价	
	合计										

注：此表由招标人填写"暂估单价"，并在备注栏内说明暂估价的材料、工程设备拟用在哪些清单项目上，投标人应将上述材料、工程设备"暂估单价"计入工程量清单综合单价报价中。

18）专业工程暂估价及结算价表（见表5-53）。

表5-53 专业工程暂估价及结算价表

工程名称：　　　　　　　　　　　　　　　　　　　　　　　　　　第×页 共×页

序　号	工程名称	工程内容	暂估金额/元	结算金额/元	差额±/元	备　注
合计						

注：此表"暂估金额"由招标人填写，投标人应将"暂估金额"计入投标总价中。结算时按合同约定结算金额填写。

19）计日工表（见表5-54）。

表5-54 计日工表

工程名称：　　　　　　　　　　　　　　　　　　　　　　　　　　第×页 共×页

序号	项目名称	单位	暂定数量	实际数量	综合单价/元	合价/元	
						暂　定	实　际
一	人工						
	人工小计						
二	材料						
	材料小计						
三	施工机械						
	施工机械小计						
四	管理费和利润						
	总计						

注：此表项目名称、暂定数量由招标人填写，编制招标控制价时，单价由招标人按有关计价规定确定。投标时，单价由投标人自主报价，按暂定数量计算合价计入投标总价中。结算时，按发承包双方确认的实际数量计算合价。

20）总承包服务费计价表（见表 5-55）。

表 5-55　总承包服务费计价表

工程名称：　　　　　　　　　　　　　　　　　　　　　　　　　第 × 页　共 × 页

序号	项目名称	项目价值/元	服务内容	计算基础	费率（%）	金额/元
1	发包人发包专业工程					
2	发包人提供材料					
	合计					

21）规费、税金项目计价表（见表 5-56）。

表 5-56　规费、税金项目计价表

工程名称：　　　　　　　　　　　　　　　　　　　　　　　　　第 × 页　共 × 页

序　号	项目名称	计算基础	计算费率（%）	金额（元）
1	规费			
1.1	社会保险费、住房公积金、残疾人保证金			
1.2	危险作业意外伤害险			
1.3	工程排污费			
2	税金			
	合计			

22）发包人提供材料和工程设备一览表（见表 5-57）。

表 5-57　发包人提供材料和工程设备一览表

工程名称：　　　　　　　　　　　　　　　　　　　　　　　　　第 × 页　共 × 页

序号	材料（工程设备）名称、规格、型号	单位	数量	单价/元	交货方式	送达地点	备注

注：此表由招标人填写，供投标人在投标报价、确定总承包服务费时参考。

5.3.2 工程量清单计价规定

1. 一般规定

1）使用国有资金投资的建设工程发承包，必须采用工程量清单计价。

2）非国有资金投资的建设工程，宜采用工程量清单计价。

3）不采用工程量清单计价的建设工程，应执行《清单计价规范》除工程量清单等专门性规定外的其他规定。

4）工程量清单应采用综合单价计价。

5）措施项目中的安全文明施工费必须按照国家或省级、行业建设主管部门的规定计价，不得作为竞争性费用。

6）规费和税金必须按国家或省级、行业建设主管部门的规定计算，不得作为竞争性费用。

2. 招标控制价

1）国有资金投资的建设工程招标，招标人必须编制招标控制价。

2）招标控制价应由具有编制能力的招标人或受其委托具有相应资质的工程造价咨询人编制。

3）招标控制价应根据下列依据编制：

①《清单计价规范》和相关专业工程的《计量规范》。

② 国家或省级、行业建设主管部门颁发的计价定额和计价办法。

③ 建设工程设计文件及相关资料。

④ 拟定的招标文件及招标工程量清单。

⑤ 与建设项目相关的标准、规范、技术资料。

⑥ 施工现场情况、工程特点及常规施工方案。

⑦ 工程造价管理机构发布的工程造价信息；工程造价信息没有发布的参照市场价。

⑧ 其他的相关资料。

4）招标控制价应按照上一条规定编制，不应上调和下浮。

5）综合单价中应包括招标文件中划分的应由投标人承担的风险范围及其费用。

6）分部分项工程和措施项目中的单价项目，应根据拟定的招标文件和招标工程量清单项目中的特征描述及有关要求确定综合单价。

7）措施项目中的总价项目应根据拟定的招标文件和常规的施工方案按《清单计价规范》一般规定中第3.1.4条和第3.1.5条的规定确定。

8）其他项目应按下列规定计价：

① 暂列金额应按招标工程量清单中列出的金额填写。

② 暂估价中的材料、工程设备单价应按招标工程量清单中列出的单价计入综合单价。

③ 暂估价中的专业工程金额应按招标工程量清单中列出的金额填写。

④ 计日工应按招标工程量清单中列出的项目根据工程特点和有关计价依据确定综合单价。

⑤ 总承包服务费应根据招标工程量清单中列出的内容和要求估算。

9）规费和税金应按《清单计价规范》一般规定中第3.1.6条的规定确定。

3. 投标报价

1）投标价应由投标人或受其委托具有相应资质的工程造价咨询人编制。

2）投标报价应根据下列依据编制：

①《清单计价规范》和相关专业工程的《计量规范》。

② 国家或省级、行业建设主管部门颁发的计价办法。

③ 企业定额，国家或省级、行业建设主管部门颁发的计价定额。

④ 招标文件、招标工程量清单及其补充通知、答疑纪要。

⑤ 建设工程设计文件及相关资料。

⑥ 施工现场情况、工程特点及投标时拟定的投标施工组织设计或施工方案。

⑦ 与建设项目相关的标准、规范等技术资料。

⑧ 市场价格信息或工程造价管理机构发布的工程造价信息。

⑨ 其他的相关资料。

3）投标人应依据上一条规定自主确定投标报价。

4）投标报价不得低于工程成本。

5）投标人必须按招标工程量清单填报价格。项目编码、项目名称、项目特征描述、计量单位、工程量必须与招标工程量清单一致。

6）投标人的投标报价高于招标控制价的应予废标。

7）综合单价中应包括招标文件中划分的应由投标人承担的风险范围及其费用，招标文件中没有明确的，应提请招标人明确。

8）分部分项工程和措施项目中的单价项目，应根据招标文件和招标工程量清单项目中的特征描述确定综合单价。

其中，对现浇混凝土模板采用了两种方式进行计价，即：一方面是在现浇混凝土项目的"工程内容"中包括了模板，以立方米计量列入现浇混凝土项目一起组成综合单价；另一方面是在措施项目中单列了现浇混凝土模板工程项目，以平方米计量单独组成综合单价。

9）措施项目中的总价项目金额应根据招标文件及投标时拟定的施工组织设计或施工方案，按《清单计价规范》一般规定中第3.1.4条的规定自主确定。其中，安全文明施工费应按照《清单计价规范》一般规定中第3.1.5条的规定确定。

10）其他项目费应按下列规定报价：

① 暂列金额应按招标工程量清单中列出的金额填写。

② 材料、工程设备暂估价应按招标工程量清单中列出的单价计入综合单价。

③ 专业工程暂估价应按招标工程量清单中列出的金额填写。

④ 计日工应按招标工程量清单中列出的项目和数量，自主确定综合单价并计算计日工金额。

⑤ 总承包服务费应根据招标工程量清单中列出的内容和提出的要求自主确定。

11）规费和税金应按《清单计价规范》一般规定中第3.1.6条的规定确定。

12）招标工程量清单与计价表中列明的所有需要填写单价和合价的项目，投标人均应填写且只允许有一个报价。未填写单价和合价的项目，可视为此项费用已包含在已标价工程量清单中其他项目的单价和合价之中。当竣工结算时，此项目不得重新组价予以调整。

13）投标总价应当与分部分项工程费、措施项目费、其他项目费和规费、税金的合计金额一致。

5.3.3 各项费用计算方法

工程量清单计价的费用计算，是根据招标文件以及招标工程量清单，依据建设主管部门颁发的计价定额和计价办法或企业定额，施工现场的实际情况及常规的施工方案，工程造价管理机构发布的人工工日单价、机械台班单价、材料和设备价格信息及同期市场价格，先计算出综合单价，再计算分部分项工程费、措施项目费、其他项目费、规费、税金，最后汇总即可确定建安工程造价。

1. 分部分项工程费计算

$$分部分项工程费 = \sum(分部分项工程清单工程量 \times 综合单价) \qquad (5\text{-}34)$$

其中，分部分项工程清单工程量应根据现行各专业的《计量规范》中的工程量计算规则和设计施工图、各类标配图进行计算。

综合单价是指完成一个规定清单项目所需的人工费、材料和工程设备费、机械使用费和管理费、利润以及一定范围内的风险费用的单价。

$$综合单价 = \frac{清单项目费用(含人、材、机、管、利、风险费)}{清单工程量} \qquad (5\text{-}35)$$

1) 人工费、材料和工程设备费、机械使用费的计算公式如下

$$人工费 = 分部分项工程量 \times 人工消耗量 \times 人工工日单价 \qquad (5\text{-}36)$$

或

$$人工费 = 分部分项工程量 \times 定额人工费 \qquad (5\text{-}37)$$

$$材料费 = 分部分项工程量 \times \sum(材料消耗量 \times 材料单价) \qquad (5\text{-}38)$$

$$机械费 = 分部分项工程量 \times \sum(机械台班消耗量 \times 机械台班单价) \qquad (5\text{-}39)$$

分部分项工程量应根据设计施工图、当地建设主管部门发布的《计价定额》中的"工程量计算规则"或者《全国统一建筑工程预算工程量计算规则》来计算确定。

人工消耗量、材料消耗量、机械台班消耗量从当地《计价定额》中查用。

人工工日单价、材料单价、机械台班单价，应根据当地建设行政主管部门发布的人工、材料、机械及设备的价格信息或承发包双方结合市场情况确认的单价来确定。

2) 管理费的计算。

① 计算公式

$$管理费 = (定额人工费 + 定额机械费 \times 8\%) \times 管理费费率 \qquad (5\text{-}40)$$

或

$$管理费 = (人工费 + 机械费) \times 管理费费率 \qquad (5\text{-}41)$$

定额人工费是指在《计价定额》中规定的人工费，是以人工消耗量乘以当地某一时期的人工工资单价得到的计价人工费，它是管理费、利润、社会保险费及住房公积金的计费基础。当出现人工工资单价调整时，价差部分可计入工程造价，但不得作为计费基础。

定额机械费是指在《计价定额》中规定的机械费，是以机械台班消耗量乘以当地某一时期的人工工资单价、燃料动力单价得到的计价机械费，它是管理费、利润的计费基础。当出现机械中的人工工资单价、燃料动力单价调整时，价差部分可计入工程造价，但不得作为计费基础。

② 分部分项工程费的综合单价管理费费率见表 5-58。

表 5-58 分部分项工程费的综合单价管理费费率

专业	房屋建筑与装饰工程	通用安装工程	市政工程	园林绿化工程	房屋修缮及仿古建筑工程	城市轨道交通工程	独立土石方工程
费率（%）	33	30	28	28	23	28	25

注：此表为某省 2013 新表。

3）利润的计算。

① 计算公式。

$$利润 =（定额人工费 + 定额机械费 × 8\%）× 利润率 \qquad (5-42)$$

或

$$利润 =（人工费 + 机械费）× 利润率 \qquad (5-43)$$

② 分部分项工程费利润率取定见表 5-59。

表 5-59 分部分项工程费利润率

专业	房屋建筑与装饰工程	通用安装工程	市政工程	园林绿化工程	房屋修缮及仿古建筑工程	城市轨道交通工程	独立土石方工程
利润率（%）	20	20	15	15	15	18	15

注：此表为某省 2013 新表。

2. 措施项目费计算

2013 版《清单计价规范》将措施项目划分为两类：

1）总价措施项目。总价措施项目是指不能计算工程量的项目，如安全文明施工费、夜间施工增加费、其他措施费等，应当按照施工方案或施工组织设计，参照有关规定以"项"为单位进行综合计价。某省的做法，总价措施项目可按"乘系数"的方法计算。计算过程在表 5-49 中完成，计算方法见表 5-60。

表 5-60 措施费计算参考费率

项目名称	适用条件	计算方法
安全文明施工费	房屋建筑与外装饰工程	分部分项工程费中（定额人工费 + 定额机械费 × 8%）× 15.65%
	独立土石方工程	分部分项工程费中（定额人工费 + 定额机械费 × 8%）× 2.0%
临时设施费	室内装饰	分部分项工程费中（定额人工费 + 定额机械费 × 8%）× 5.48%
其他措施费（房屋建筑与外装饰工程）	冬、雨季施工增加费，生产工具用具使用费，工程定位复测、工程点交、场地清理费	分部分项工程费中（定额人工费 + 定额机械费 × 8%）× 5.95%

（续）

项 目 名 称	适 用 条 件	计 算 方 法
特殊地区施工增加费	2500m < 海拔 ≤ 3000m 的地区	（定额人工费 + 定额机械费 × 8%）× 8%
	3000m < 海拔 ≤ 3500m 的地区	（定额人工费 + 定额机械费 × 8%）× 15%
	海拔 > 3500m 的地区	（定额人工费 + 定额机械费 × 8%）× 20%

注：表中安全文明施工费作为一项措施费用，由环境保护费、安全施工、文明施工、临时设施费组成，适用于各类
新建、扩建、改建的房屋建筑工程（包括与其配套的线路管道和设备安装工程、外装饰工程）、市政基础设施和
拆除工程，但不适用于内装饰工程。

2）单价措施项目。单价措施项目是指可以计算工程量的项目，如模板、脚手架、垂直运输、超高施工、大型机械设备进出场和安拆、施工排降水等，可按计算综合单价的方法计算，计算公式为

$$单价措施项目费 = \sum（单价措施项目清单工程量 × 综合单价） \qquad (5-44)$$

$$综合单价 = \frac{清单项目费用（含人、材、机、管、利、风险费）}{清单工程量} \qquad (5-45)$$

其中：
$$人工费 = 措施项目定额工程量 × 定额人工费 \qquad (5-46)$$
$$材料费 = 措施项目定额工程量 × \sum（材料消耗量 × 材料单价） \qquad (5-47)$$
$$机械费 = 措施项目定额工程量 × \sum（机械台班消耗量 × 机械台班单价） \qquad (5-48)$$
$$管理费 = （定额人工费 + 定额机械费 × 8%）× 管理费费率 \qquad (5-49)$$
$$利润 = （定额人工费 + 定额机械费 × 8%）× 利润率 \qquad (5-50)$$

管理费费率见表 5-58，利润率见表 5-59，计算过程在表 5-44 和表 5-46 中完成。

3. 其他项目费计算

1）暂列金额应按招标工程量清单中列出的金额填写。

2）暂估价中的材料、工程设备单价应按招标工程量清单中列出的单价计入综合单价。

3）暂估价中的专业工程金额应按招标工程量清单中列出的金额填写。

4）计日工应按招标工程量清单中列出的项目根据工程特点和有关计价依据确定综合单价。

5）总承包服务费应根据招标工程量清单中列出的内容和要求估算。

4. 规费计算

1）社会保险费、住房公积金及残疾人保证金。

$$社会保险费、住房公积金及残疾人保证金 = 定额人工费总和 × 26\% \qquad (5-51)$$

式中　定额人工费总和——分部分项工程定额人工费、单价措施项目定额人工费与其他项目定额人工费的总和。

2）危险作业意外伤害险。

$$危险作业意外伤害险 = 定额人工费 × 1\% \qquad (5-52)$$

未参加建筑职工意外伤害险的施工企业不得计算此项费用。

3）工程排污费：按工程所在地有关部门的规定计算。

5. 税金计算

（1）增值税的含义　增值税是以商品（含应税劳务）在流转过程中产生的增值额作为计税依据而征收的一种流转税。从计税原理上说，增值税是对商品生产、流通、劳务服务中多个环节的新增价值或商品的附加值征收的一种流转税。增值税实行价外税，由消费者负

担，有增值才征税，没增值不征税。

2016 年 3 月 23 日，财政部、国家税务总局发布《关于全面推开营业税改征增值税试点的通知》（财税〔2016〕36 号），自 2016 年 5 月 1 日起，在全国范围内全面推开营业税改征增值税（下称"营改增"）试点，建筑业、房地产业、金融业、生活服务业等全部营业税纳税人，纳入试点范围，由缴纳营业税改为缴纳增值税。

营业税和增值税有以下几方面的不同：

1）征税范围和税率不同。增值税是针对在我国境内销售商品和提供劳务而征收的一种价外税，一般纳税人的税率为 17%，小规模纳税人的税率为 3%。营业税是针对提供应税劳务、销售不动产、转让无形资产等征收的一种税，不同行业、不同的服务征税税率不同，之前建筑业按 3% 征税。

2）计税依据不同。建筑业的营业税征收通常允许总分包差额计税，而实施"营改增"后就得按增值税相关规定进行缴税。增值税的本质是"应纳增值税 = 销项税额 − 进项税额"。在我国增值税的征收管理过程中，实行严格的"以票管税"，当开具增值税专用发票时纳税义务就已经发生。而营业税是价内税，由销售方承担税额，通常是含税销售收入直接乘以使用税率。

3）主管税务机关不同。增值税涉税范围广、涉税金额大，国家有较为严格的增值税发票管理制度，通常会出现牵涉增值税专用发票的犯罪，因此，增值税主要由国家税务机关管理。营业税属于地方税，通常由地方税务机关负责征收和清缴。

（2）营改增的意义。

1）解决了建筑业内存在的重复征税问题。增值税和营业税并存破坏了增值税进项税抵扣的链条，严重影响了增值税作用的发挥。建筑工程耗用的主要原材料，如钢材、水泥、砂石等，属于增值税的征税范围，在建筑企业购进原材料时已经缴纳了增值税，但是由于建筑企业不是增值税的纳税人，因此，他们购进原材料缴纳的进项税额是不能抵扣的。而在计征营业税时，企业购进建筑材料和其他工程物资又是营业税的计税基数，不但不可以减税，反而还要负担营业税，从而造成了建筑业重复征税的问题，建筑业实行"营改增"后此问题可以得到有效的解决。

2）有利于建筑业进行技术改造和设备更新。从 2009 年我国实施消费性增值税模式后，建筑企业外购的生产用固定资产可以抵扣进项税额。在未实行"营改增"之前，建筑企业购进的固定资产进项税额不能抵扣，而实行"营改增"后建筑企业可以大大降低其税负水平，这在一定程度上有利于建筑业进行技术改造和设备更新，同时也可以减少能耗、降低污染，进而提升我国建筑企业的综合竞争能力。

3）有助于提升专业能力。营业税在计征税额时，通常都是全额征收，很少有可以抵扣的项目，因此，建筑企业更倾向于自行提供所需的服务而非由外部提供相关服务，这导致了生产服务内部化，这样不利于企业优化资源配置和进行专业化细分。而在增值税体制下，外购成本的税额可以抵扣，有利于建筑企业择优选择供应商供应材料，提高了社会专业化分工的程度，在一定程度上改变了当下一些建筑企业"小而全""大而全"的经营模式，这将极大的改善和提升建筑企业的竞争能力。

（3）增值税的计算 实行"营改增"并未改变前节所述工程造价的费用构成与计算程序，只是改变了"计税基数"以及"税率"。从"应纳增值税额 = 销项税额 − 进项税额"

这一本质意义上理解，由于营业税是全额征收，而增值税可以抵扣进项税额，营业税和增值税的"计税基数"不是同一概念，增值税的"计税基数"应当比营业税的"计税基数"要小许多，而"税率"也将完全的不一样。

营改增后的税金计算，将产生以下新概念：

1）计增值税的税前工程造价。计增值税的税前工程造价是指工程造价的各组成要素价格不含可抵扣的进项税税额的全部价款。也即分部分项工程费和单价措施费（其中的计价材料费、未计价材料费、设备费和机械费扣除相应进项税税额）以及总价措施费、其他项目费、规费之和的价款。

2）税前工程造价。税前工程造价是指工程造价的各组成要素价格含可抵扣的进项税税额的全部价款。也即分部分项工程费和单价措施费（其中计价材料费、未计价材料费、设备费和机械费不扣除相应进项税税额）以及总价措施费、其他项目费、规费之和的价款。

3）单位工程造价。

$$单位工程造价 = 税前工程造价 + （增值税额 + 附加税费） \tag{5-53}$$

4）营改增税金。

$$营改增税金 = 增值税额 + 附加税费 = 计增值税的税前工程造价 × 综合税率 \tag{5-54}$$

某省《关于建筑业营业税改征增值税后调整工程造价计价依据的实施意见》中规定：

1）除税计价材料费 = 定额基价中的材料费 × 91.2% 。

2）未计价材料费 = 除税材料原价 + 除税运杂费 + 除税运输损耗费 + 除税采购保管费。

3）除税机械费 = 机械台班量 × 除税机械台班单价（除税机械台班单价由建设行政主管部门发布，此价比定额机械费略低）。

照此规定可以理解为，分部分项工程费和单价措施费中，可抵扣进项税税额的费用包括：计价材料费的91.2%，全部的未计价材料费和除税机械费。

因此，用于计增值税的税前工程造价及税金的计算公式为

$$计增值税的税前工程造价 = 计税的分部分项工程费 + 计税的单价措施费 + 总价措施费 + \\ 其他项目费 + 规费 \tag{5-55}$$

$$计税的分部分项工程费 = 分部分项工程费 - 除税计价材料费 - 未计价材料费 - \\ 设备费 - 除税机械费 \tag{5-56}$$

$$计税的单价措施费 = 单价措施项目费 - 除税计价材料费 - 未计价材料费 - 除税机械费 \tag{5-57}$$

$$营改增税金 = 计增值税的税前工程造价 × 综合税率 \tag{5-58}$$

综合税率取值见表5-61。

表5-61 综合税率取值

工程所在地	综合税率（%）
市区	11.36
县城、镇	11.30
不在市区、县城、镇	11.18

6. 营改增后工程造价计算程序的调整

实行"营改增"后，工程造价计算程序调整见表5-62。

表5-62　营改增后的工程造价计算程序

代号	项目名称	计算方法
1	分部分项工程费	$<1.1>+<1.2>+<1.3>+<1.4>+<1.5>+<1.6>$
1.1	定额人工费	$\sum$分部分项定额工程量×定额人工费单价
1.2	计价材料费	$\sum$分部分项定额工程量×计价材料费单价
1.3	未计价材料费	$\sum$分部分项定额工程量×未计价材料单价×未计价材料消耗量
1.4	设备费	$\sum$分部分项定额工程量×设备单价×设备消耗量
1.5	定额机械费	$\sum$分部分项定额工程量×定额机械费单价
A	除税机械费	$\sum$分部分项定额工程量×除税机械费单价×台班消耗量
1.6	管理费和利润	$\sum$（$<1.1>+<1.5>×8\%$）×（$28\%+15\%$）
B	计税的分部分项工程费	$<1>-<1.2>×91.2\%-<1.3>-<1.4>-<A>$ （分部分项工程费–除税计价材料费–未计价材料费–设备费–除税机械费）
2	措施项目费	$<2.1>+<2.2>$
2.1	单价措施项目费	$<2.1.1>+<2.1.2>+<2.1.3>+<2.1.4>+<2.1.5>$
2.1.1	定额人工费	$\sum$单价措施定额工程量×定额人工费单价
2.1.2	计价材料费	$\sum$单价措施定额工程量×计价材料费单价
2.1.3	未计价材料费	$\sum$单价措施定额工程量×未计价材料单价×未计价材消耗量
2.1.4	定额机械费	$\sum$单价措施定额工程量×定额机械费单价
C	除税机械费	$\sum$单价措施定额工程量×除税机械费单价×台班消耗量
2.1.5	管理费和利润	$\sum$（$<2.1.1>+<2.1.4>×8\%$）×（$28\%+15\%$）
D	计税的单价措施项目费	$<2.1>-<2.1.2>×91.2\%-<2.1.3>-<C>$ （单价措施项目费–除税计价材料费–未计价材料费–除税机械费）
2.2	总价措施项目费	$<2.2.1>+<2.2.2>$
2.2.1	安全文明施工费	分部分项工程费中（定额人工费+定额机械费×8%）×12.65%
2.2.2	其他总价措施费	分部分项工程费中（定额人工费+定额机械费×8%）×5.95%
3	其他项目费	$<3.1>+<3.2>+<3.3>+<3.4>+<3.5>$
3.1	暂列金额	按双方约定或按题给条件计取
3.2	暂估材料（工程设备）单价	按双方约定或按题给条件计取
3.3	计日工	按双方约定或按题给条件计取
3.4	总包服务费	按双方约定或按题给条件计取
3.5	其他	按实际发生额计算
3.5.1	人工费调增	（$<1.1>+<2.1.1>$）×15%
4	规费	$<4.1>+<4.2>+<4.3>$
4.1	社会保险费、住房公积金及残疾人保证金	定额人工费总和×26%

（续）

代号	项目名称			计算方法
4.2	危险作业意外伤害保险			定额人工费总和×1%
4.3	工程排污费			按有关规定或题给条件计算
5	税金	工程所在地	市区	（＜B＞＋＜D＞＋＜2.2＞＋＜3＞＋＜4＞）×11.36%
			县城/镇	（＜B＞＋＜D＞＋＜2.2＞＋＜3＞＋＜4＞）×11.30%
			其他地方	（＜B＞＋＜D＞＋＜2.2＞＋＜3＞＋＜4＞）×11.18%
6	单位工程造价			＜1＞＋＜2＞＋＜3＞＋＜4＞＋＜5＞

注：表中人工费调增为某省 2016 年的新规定。

5.3.4 清单计价计算实例

【例5-7】 某工程招标工程量清单见表5-63，试根据当地建设主管部门发布的《消耗量定额》和《计价规则》，以及当地的人工、材料、机械单价，编制"实心砖墙"和"条形基础"两个清单分项的综合单价，并计算分部分项工程费。

表5-63 分部分项工程量清单表

序号	项目编码	项目名称	项目特征	计量单位	工程量
1	010401003001	实心砖墙	1. 砖品种、规格、强度等级：标准砖、MU100 2. 墙体类型：一砖混水砖墙 3. 砂浆强度等级、配合比：M5.0 混合砂浆	m³	100
2	010501002001	条形基础	1. 混凝土种类：现浇混凝土 2. 混凝土强度等级：C20 3. 垫层种类、厚度：C10 混凝土，100mm 厚	m³	100

注：表中工程量仅为分部分项工程实体的清单工程量。由于两个项目的清单规则与定额规则相同，所以 100m³ 既是清单量也是定额量。基础垫层的定额工程量假设计算为 10m³。

【解】 1）选择计价依据。查某地的《建筑工程消耗量定额》相关子目，定额消耗量及单位估价表见表5-64。

表5-64 相关子目定额消耗量及单位估价表

（计量单位：10m³）

定额编号		01040009	01050003	01050001
项目名称		一砖混水砖墙	钢筋混凝土条形基础	混凝土基础垫层
基价/元		952.82	913.26	992.15
其中	人工费/元	912.21	693.74	782.53
	材料费/元	5.94	47.80	29.54
	机械费/元	34.67	171.72	180.08

（续）

		单位	单价/元	数　　量		
人工	综合人工	工日	63.88	14.280	10.860	12.250
材料	M5.0 混合砂浆	m³	—	(2.396)	—	—
	标准砖	千块	—	(5.300)	—	—
	水	m³	5.6	1.060	8.260	5.000
	C10 现浇混凝土	m³	—	—	—	(10.150)
	草席	m²	1.40	—	1.100	1.100
	C20 现浇混凝土	m³	248.80	—	(10.150)	—
机械	200L 灰浆搅拌机	台班	86.90	0.399		
	500L 强制式混凝土搅拌机	台班	192.49	—	0.327	0.859
	混凝土振捣器（平板式）	台班	18.65	—	—	0.790
	混凝土振捣器（插入式）	台班	15.47	—	0.770	—
	机动翻斗车（装载质量 1t）	台班	150.17	—	0.645	—

注：表中消耗量带有"（ ）"的为未计价材料，套价时须根据当地的材料价格信息进行组价。

2）选择费率。查表5-58和表5-59，房屋建筑及装饰工程的管理费费率取33%，利润率取20%。

3）综合单价计算。综合单价计算在表5-65中完成。假如通过询价得知当地未计价材价格为：M5.0 混合砂浆 248 元/m³，标准砖 325 元/千块，C10 现浇混凝土 225 元/m³，C20 现浇混凝土 275 元/m³。

01040009 的材料费单价

5.94 元/10m³ + 2.396m³/10m³ × 248 元/m³ + 5.300 千块/10m³ × 325 元/千块 = 2322.65 元/10m³

01050003 的材料费单价

47.80 元/10m³ + 10.150m³/10m³ × 275 元/m³ = 2839.05 元/10m³

01050001 的材料费单价

29.54 元/10m³ + 10.150m³/10m³ × 225 元/m³ = 2313.29 元/10m³

表5-65 中综合单价组成明细中的数量是相对量。

$$数量 = 定额量/定额单位扩大倍数/清单量 \qquad (5-59)$$

4）分部分项工程费计算。具体计算见表5-66。

表5-65 分部分项工程量清单综合单价分析表

工程名称：

第×页 共×页

序号	项目编码	项目名称	计量单位	工程量	定额编号	定额名称	定额单位	数量	清单综合单价组成明细							综合单价
									单价/元			合价/元				
									人工费	材料费	机械费	人工费	材料费	机械费	管理费和利润	
1	010401003001	实心砖墙	m³	100	01040009	一砖混水砖墙	10m³	0.1000	912.21	2322.65	34.67	91.22	232.27	3.47	48.49	375.45
					小计							91.22	232.27	3.47	48.49	
2	010501002001	条形基础	m³	100	01050003	条形基础	10m³	0.1000	693.74	2839.05	171.72	69.37	283.91	17.17	37.50	444.93
					01050001	基础垫层	10m³	0.0100	782.53	2313.29	180.08	7.83	23.13	1.80	4.22	
					小计							77.20	307.04	18.97	41.72	

注：1. 一砖混水砖墙的相对量 = $100m^3/10/100m^3$ = 0.100。

2. 一砖混水砖墙的管理费和利润 = $(91.22 + 3.47 \times 8\%) \times (33\% + 20\%)$ 元/m³ = 48.49 元/m³。

3. 钢筋混凝土条形基础的相对量 = $100m^3/10/100m^3$ = 0.100。

4. 钢筋混凝土条形基础的管理费和利润 = $(69.37 + 17.17 \times 8\%) \times (33\% + 20\%)$ 元/m³ = 37.50 元/m³。

5. 基础垫层的相对量 = $10m^3/10/100m^3$ = 0.010。

6. 基础垫层的管理费和利润 = $(7.83 + 1.80 \times 8\%) \times (33\% + 20\%)$ 元/m³ = 4.22 元/m³。

表5-66 分部分项工程量清单计价表

序号	项目编码	项目名称	计量单位	工程量	金额/元				
					综合单价	合价	其中		
							人工费	机械费	暂估价
1	010401003001	实心砖墙	m³	100	375.45	37545.00	9122.00	347.00	
2	010501002001	条形基础	m³	100	444.93	44493.00	7720.00	1897.00	
合计						82038.00	16842.00	2244.00	

【例5-8】 某市区新建一幢8层框架结构的住宅楼,建筑面积为3660m²,室外标高为 -0.3m,第一层层高为3.2m,第二至第八层的层高均为2.8m,女儿墙高为0.9m,出屋面楼梯间高为2.8m。该工程根据招标文件及分部分项工程量清单、当地的《消耗量定额》、《建设工程造价计价规则》及人工、材料、机械台班的价格信息计算出以下数据:

1)分部分项工程费4133762.71元,其中,定额人工费325728.00元,计价材料费488592.00元,未计价材料费2807268.00元,定额机械费325728.00元(其中除税机械费280400.00元),管理费和利润186446.71元。

2)单价措施项目费228640.51元,其中,人工费26924.00元,计价材料费8726.00元,未计价材料费153674.00元,定额机械费24028.00元(其中除税机械费20424.00元),管理费和利润15288.51元。

3)招标文件载明暂列金额应计100000元;专业工程暂估价30000元;工程排污费计10000元。

试根据上述条件计算该住宅楼房屋建筑工程的招标控制价。

【解】 该住宅楼营改增前和营改增后的招标控制价计算结果见表5-67。

表5-67 该住宅楼营改增前和营改增后的招标控制价计算结果

代号	项目名称	营改增前的算法	营改增后的算法
1	分部分项工程费	4133762.71	4133762.71
1.1	定额人工费	325728.00	325728.00
1.2	计价材料费	488592.00	488592.00
1.3	未计价材料费	2807268.00	2807268.00
1.4	设备费		
1.5	定额机械费	325728.00	325728.00
A	除税机械费		280400.00
1.6	管理费和利润	186446.71	186446.71
B	计税的分部分项工程费		600498.80
2	措施项目费	304626.34	304626.34
2.1	单价措施项目费	228640.51	228640.51
2.1.1	定额人工费	26924.00	26924.00

（续）

代号	项 目 名 称	营改增前的算法	营改增后的算法
2.1.2	计价材料费	8726.00	8726.00
2.1.3	未计价材料费	153674.00	153674.00
2.1.4	定额机械费	24028.00	24028.00
C	除税机械费		20424.00
2.1.5	管理费和利润	15288.51	15288.51
D	计税的单价措施项目费		46584.40
2.2	总价措施项目费	75985.83	75985.83
2.2.1	安全文明施工费	55054.55	55054.55
2.2.2	其他总价措施费	20931.28	20931.28
3	其他项目费	182897.80	182897.80
3.1	暂列金额	100000.00	100000.00
3.2	暂估材料、工程设备单价	30000.00	30000.00
3.3	计日工		
3.4	总包服务费		
3.5	其他	52897.80	52897.80
3.5.1	人工费调增	52897.80	52897.80
4	规费	105216.04	105216.04
4.1	社保险费、住房公积金及残疾人保证金	91689.52	91689.52
4.2	危险作业意外伤害保险	3526.52	3526.52
4.3	工程排污费	10000.00	10000.00
5	税金	164482.30	114870.37
6	单位工程造价	4890985.18	4841373.26
	平方米造价	1336.33	1322.78

【讨论】 营改增的实质是减轻企业税负，即"有增值才征税，没增值不征税"。而计算的关键是在材料费和机械费的计算中注重到"应纳增值税额＝销项税额－进项税额"。理论上说，表 2-37 中想要表达的是：定额人工费应计增值税；计价材料费只应对其中的 8.8%（1－91.2%）计增值税；未计价材料费不应再计增值税；定额机械费只应对扣减"除税机械费"的差额部分计增值税；而管理费和利润、总价措施项目费、其他项目费、规费和税金都应计增值税。

看表 5-67 的计算过程，考虑扣减进项税额后，计税的分部分项工程费只是原有分部分项工程费的 14.53% （600498.80 元/4133762.71 元 = 0.1453）；计税的单价措施项目费只是原有单价措施项目费的 20.37% （46584.40 元/228640.51 元 = 0.2037）；计增值税的税前工程造价只是原有税前工程造价的 21.39% （1011182.87 元/4726502.88 元 = 0.2139），这也说明了增值税的"计税基数"应当比营业税的"计税基数"要小许多。而当"税率"由原来的 3.48% 上调为 11.36% 以后，企业的税负仍然降低了，表 2-38 的计算数据是降低了 49611.93 元，降低率为 1%。

【例 5-9】 某工程采用如下施工措施，根据当地的计价办法，试计算措施费。已知：

砌筑综合脚手架（钢制）（高度 20m 以内）的工程量为 5000m²。

浇灌综合脚手架（钢制）（层高 3m）的工程量为 5000m²。

钢筋混凝土矩形柱（1.8m 以外）模板（钢模）工程量为 100m³。

【解】 1）根据《房屋建筑与装饰工程工程量计算规范》附录 S，可将以上项目编为两条措施项目清单，见表 5-68。

表 5-68　措施项目清单表

序 号	项 目 编 码	项 目 名 称	项 目 特 征	计量单位	工 程 量
1	011701001001	综合脚手架	1. 建筑结构形式：现浇框架 2. 檐口高度：20m 以内 3. 层高：3m 4. 安全网：立挂式	m²	5000
2	011702002001	矩形柱模板	1. 柱截面周长：1.8m 以内 2. 模板材料：钢模 3. 层高：3m	m³	100

2）查用单位估价表，见表 5-69。

表 5-69　相关措施项目的人、材、机单价

定 额 编 号		C0102001	C0102014	C0102064	C0101029
项 目 名 称		砌筑综合脚手架（钢制、高度 20m 以内）	浇灌综合脚手架（钢制、层高 3.6m 以内）	立挂式安全网	矩形柱（1.8m 以外）
		（建筑面积 100m²）	（建筑面积 100m²）	（外围面积 100m²）	钢模板（混凝土 10m³）
基价/元		1269.74	858.49	525.12	2839.71
其中	人工费/元	643.29	786.09	14.00	2163.69
	材料费/元	595.07	72.4	511.12	625.47
	机械费/元	31.38	—	—	50.55

3）措施项目综合单价计算见表 5-70，假设立挂式安全网外围面积计算得 4000m²。

表5-70 措施项目综合单价分析表

清单综合单价组成明细

序号	项目编码	项目名称	计量单位	工程量	定额编号	定额名称	定额单位	数量	单价/元			合价/元				综合单价/元
									人工费	材料费	机械费	人工费	材料费	机械费	管理费和利润	
1	011701001001	综合脚手架	m²	5000	C0102001	砌筑综合脚手架	100m²	0.0100	643.29	595.07	31.38	6.43	5.95	0.31	3.42	
					C0102014	浇灌综合脚手架	100m²	0.0100	786.09	72.4		7.86	0.72		4.17	
					C0102064	立挂式安全网	100m²	0.0080	14.00	511.12		0.11	4.09		0.06	
							小计					14.41	10.76	0.31	7.65	33.13
2	011702002001	矩形柱模板	m³	100	C0101029	矩形柱钢模板	混凝土10m³	0.1000	2163.69	625.47	50.55	216.37	62.55	5.06	114.89	
							小计					216.37	62.55	5.06	114.89	398.86

注：表5-70计算说明如下：

表中，综合单价组成明细中的数量是相对量：数量=定额量/定额单位扩大倍数/清单量。

综合脚手架的相对量=5000m³/100/5000m³=0.0100。

立挂式安全网的相对量=4000m³/100/5000m³=0.0080。

管理费利润=（14.41+0.31×8%）×（33%+20%）元/m³=7.65 元/m³

4）措施项目清单与计价表见表5-71。

表5-71　措施项目清单与计价表

序号	项目编码	项目名称	计量单位	工程量	金额/元				
					综合单价	合价	其中		
							人工费	机械费	暂估价
1	11701001001	综合脚手架	m²	5000	33.13	165650.00	72050.00	1550.00	
2	11702002001	矩形柱模板	m³	100	398.86	39886.00	21637.00	506.00	
合计						205536.00	93687.00	2056.00	

习题与思考题

1. 什么是工程建设定额？如何进行分类？
2. 预算定额的概念、性质、编制原则是什么？
3. 预算定额中人工工日消耗量确定的方法有哪些？组成内容是什么？
4. 预算定额中材料消耗量确定的方法有哪些？组成内容是什么？如何确定？
5. 预算定额中机械台班消耗量确定的方法有哪些？如何确定？
6. 人工工日单价的概念和组成内容是什么？
7. 什么是材料预算价格？组成内容是什么？如何确定材料预算价格？
8. 机械台班单价的概念和组成内容是什么？
9. 什么是分部分项工程单价？什么是单位估价表？如何确定工程单价？
10. 预算定额的应用体现在哪几方面？
11. 编制单位估价表（根据表5-72中所给数据，计算并填出空格内数字）。

表5-72　单位估价表

定额编号			4-32	4-33	4-36	4-37
项目名称			基础梁	单梁	圈梁	过梁
基价/元						
其中	人工费/元					
	材料费/元					
	机械费/元					
名称		单位	单价/元	消耗量		
人	综合人工	工日	78.00	15.88	18.35	25.48	27.21
材料	C20现浇混凝土	m³	280.80	10.15	10.15	10.15	10.15
	草席	m²	2.40	5.70	6.90	13.99	14.13
	水	m³	3.00	10.71	11.38	18.29	18.75
机械	混凝土搅拌机	台班	185.79	0.625	0.625	0.625	0.625
	振捣器	台班	9.48	1.25	1.25	1.25	1.25
	翻斗车	台班	112.18	1.29	1.29	1.29	1.29

注：表中人工、材料、机械的单价是随市场波动的，因此，可做合理假设。

12. 某框架结构房屋建筑工程，其填充墙为 M7.5 混合砂浆（使用 P. S32.5 水泥、细砂配制）砌筑 190mm 厚普通空心砖墙，工程量为 860m³，请按当地《计价定额》，在表"M7.5 砌筑砂浆半成品材料分析表"中（见表 5-73）对 M7.5 砌筑砂浆进行材料用量分析。

表 5-73　M7.5 砌筑砂浆半成品材料分析表

序　号	材料名称	计算式	单　位	数　量
M7.5 砌筑砂浆消耗量				
1				
2				
3				
4				

13. 工程量清单有哪几个部分构成？各有什么特点？

14. 编制工程量清单有哪些规定必须强制执行？

15. 措施项目清单规定了哪些费用？

16. 工程量清单计价有哪些规定必须强制执行？

17. 什么是增值税？实行营改增，税金计算应注意哪些问题？

18. 某市区新建一幢 8 层框架结构的住宅楼，工程采用工程量清单招标。已计算出以下数据：

1）分部分项工程费 3671647.51 元，其中，定额人工费 295376 元，计价材料费 353837 元，未计价材料费 2560535 元，定额机械费 292930 元（其中除税机械费 271150 元），管理费和利润 168969.51 元。

2）单价措施项目费 201836.83 元，其中，人工费 25613 元，计价材料费 7769 元，未计价材料费 132927 元，定额机械费 21060 元（其中除税机械费 19980 元），管理费和利润 14467.83 元。

3）招标文件载明暂列金额应计 80000 元；专业工程暂估价 35000 元；工程排污费计 9000 元。

试根据上述条件计算该住宅楼房屋建筑工程的招标控制价。

第6章
工程结算

教学要求：
- 熟悉工程结算的意义。
- 熟悉工程预付款、工程进度款、竣工结算的规定和方法。

工程结算是指承包商在工程施工过程中，依据承包合同中关于付款的规定和已经完成的工程量，以预付备料款和工程进度款的形式，按照规定的程序向业主收取工程价款的一项经济活动。

6.1 工程结算的意义

工程结算是工程项目承包中一项十分重要的工作，主要作用表现为：

1. 工程价款结算是反映工程进度的主要指标

在施工过程中，工程价款结算的依据之一就是已完成的工程量。承包商完成的工程量越多，所应结算的工程价款就越多，根据累计已结算的工程价款占合同总价款的比例，能够近似地反映出工程的进度情况，有利于准确掌握工程进度。

2. 工程价款结算是加速资金周转的重要环节

对于承包商来说，只有当工程价款结算完毕，才意味着其获得了工程成本和相应的利润，实现了既定的经济效益目标。

6.2 工程预付款结算

6.2.1 预付款的数额和拨付时间

《清单计价规范》第10.1.2条规定：包工包料工程的预付款的支付比例不得低于签约合同价（扣除暂列金额）的10%，不宜高于签约合同价（扣除暂列金额）的30%。

10.1.3条规定：承包人应在签订合同或向发包人提供与预付款等额的预付款保函后向发包人提交预付款支付申请。

10.1.4条规定：发包人应在收到支付申请的7天内进行核实，向承包人发出预付款支付证书，并在签发支付证书后的7天内向承包人支付预付款。

预付款的数额可按下式计算

$$预付款的数额 = 工程（年度）建安工程量 \times 工程备料款额度 \tag{6-1}$$

6.2.2　预付款的拨付及违约责任

《清单计价规范》第 10.1.5 条规定：发包人没有按合同约定按时支付预付款的，承包人可催告发包人支付；发包人在预付款期满后 7 天内仍未支付的，承包人可在付款期满后的第 8 天起暂停施工。发包人应承担由此增加的费用和延误的工期，并向承包人支付合理利润。

6.2.3　预付款的扣回

《清单计价规范》第 10.1.6 条规定：预付款应从每一个支付期应支付给承包人的工程进度款中扣回，直到扣回的金额达到合同约定的预付款金额为止。

预付款一般在工程进度款的累计金额超过合同价的某一比值时开始起扣，每月从承包人的工程进度款内按主材比例扣回。预付款起扣点金额按下式计算

$$预付款起扣点金额 = 承包工程款总额 - \frac{预付款的数额}{主材比例} \qquad (6-2)$$

工程进度款的累计金额超过起扣点金额的当月为起扣月。起扣月应扣预付款按下式计算

$$起扣月应扣预付款 = (当月累计工程进度款 - 起扣点金额) \times 主材比例 \qquad (6-3)$$

超过起扣点后，月度应扣预付款按下式计算

$$月度应扣预付款 = 当月工程进度款 \times 主材比例 \qquad (6-4)$$

6.3　工程进度款结算与支付

6.3.1　工程进度款结算方式

《清单计价规范》第 10.3.1 条规定：发承包双方应按照合同约定的时间、程序和方法，根据工程计量结果，办理期中价款结算，支付进度款。

第 10.3.2 条规定：进度款支付周期应与合同约定的工程计量周期一致。

6.3.2　工程量核算

《清单计价规范》第 8.1.1 条规定：工程量必须按照相关工程现行国家计量规范规定的工程量计算规则计算。

第 8.1.2 条规定：工程计量可选择按月或按工程形象进度分段计量，具体计量周期应在合同中约定。

第 8.2.1 条规定：工程量必须以承包人完成合同工程应予计量的工程量确定。

第 8.2.3 条规定：承包人应当按照合同约定的计量周期和时间向发包人提交当期已完工程量报告。发包人应在收到报告后 7 天内核实，并将核实计量结果通知承包人。发包人未在约定时间进行核实的，承包人提交的计量报告中所列的工程量应视为承包人实际完成的工程量。

6.3.3　工程进度款支付

《清单计价规范》第 10.3.7 条规定：进度款的支付比例按照合同约定，按期中结算价

款总额计，不低于60%，不高于90%。

6.4 竣工结算

6.4.1 竣工结算的一般规定

《清单计价规范》第11.1.1条规定：工程完工后，发承包双方必须在合同约定时间内办理工程竣工结算。

6.4.2 竣工结算的编审

《清单计价规范》第11.1.2条规定：工程竣工结算应由承包人或受其委托具有相应资质的工程造价咨询人编制，并应由发包人或受其委托具有相应资质的工程造价咨询人核对。

6.4.3 竣工结算报告的递交时限要求及违约责任

《清单计价规范》第11.3.1条规定：合同工程完工后，承包人应在经发承包双方确认的合同工程期中价款结算的基础上汇总编制完成竣工结算文件，应在提交竣工验收申请的同时向发包人提交竣工结算文件。承包人未在约定的时间内提交竣工结算文件，经发包人催告后14天内仍未提交或没有明确答复的，发包人有权根据已有资料编制竣工结算文件，作为办理竣工结算和支付结算款的依据，承包人应予以认可。

6.4.4 竣工结算报告的审查时限要求及违约责任

《清单计价规范》第11.3.2条规定：发包人应在收到承包人提交的竣工结算文件后的28天内核对。

第11.3.4条规定：发包人在收到承包人竣工结算文件后的28天内，不核对竣工结算或未提出核对意见的，应视为承包人提交的竣工结算文件已被发包人认可，竣工结算办理完毕。

6.4.5 竣工结算价款的支付及违约责任

《清单计价规范》第11.4.1条规定：承包人应根据办理的竣工结算文件向发包人提交竣工结算款支付申请。

第11.4.2条规定：发包人应在收到承包人提交竣工结算款支付申请后7天内予以核实，向承包人签发竣工结算支付证书。

第11.4.3条规定：发包人签发竣工结算支付证书后的14天内，应按照竣工结算支付证书列明的金额向承包人支付结算款。

第11.4.4条规定：发包人在收到承包人提交的竣工结算款支付申请后7天内不予核实，不向承包人签发竣工结算支付证书的，视为承包人的竣工结算款支付申请已被发包人认可；发包人应在收到承包人提交的竣工结算款支付申请7天后的14天内，按照承包人提交的竣工结算款支付申请列明的金额向承包人支付结算款。

第11.4.5条规定：发包人未按第11.4.3条、11.4.4条规定支付竣工结算款的，承包人可催告发包人支付，并有权获得延迟支付的利息。发包人在竣工结算支付证书签发后或者在收到承包人提交的竣工结算款支付申请 7 天后的 56 天内仍未支付的，除法律另有规定外，承包人可与发包人协商将该工程折价，也可直接向人民法院申请将该工程依法拍卖。承包人应就该工程折价或拍卖的价款优先受偿。

6.4.6　竣工结算编制依据

1）工程合同的有关条款。

2）全套竣工图及相关资料。

3）设计变更通知单。

4）承包商提出，由业主和设计单位会签的施工技术问题核定单。

5）工程现场签证单。

6）材料代用核定单。

7）材料价格变更文件。

8）合同双方确认的工程量。

9）经双方协商同意并办理了签证的索赔。

10）投标文件、招标文件及其他依据。

6.4.7　竣工结算编制方法

在工程进度款结算的基础上，根据所收集的各种设计变更资料和修改图样，以及现场签证、工程量核定单、索赔等资料进行合同价款的增、减调整计算，最后汇总为竣工结算造价。

6.4.8　竣工结算审核

工程竣工结算审核是竣工结算阶段的一项重要工作。经审核确定的工程竣工结算是核定建设工程造价的依据，也是建设项目验收后编制竣工决算和核定新增固定资产价值的依据。因此，业主、造价咨询单位都应十分关注竣工结算的审核把关。一般从以下几方面入手：

1）核对合同条款。首先，竣工工程内容是否符合合同条件要求，工程是否竣工验收合格，只有按合同要求完成全部工程并验收合格才能列入竣工结算。其次，应按合同约定的结算方法，对工程竣工结算进行审核，若发现合同有漏洞，应请业主与承包商认真研究，明确结算要求。

2）落实设计变更签证。设计修改变更应由原设计单位出具设计变更通知单和修改图样，设计、校审人员签字并加盖公章，经业主和监理工程师审查同意，签证才能列入结算。

3）按图核实工程数量。竣工结算的工程量应依据设计变更单和现场签证等进行核算，并按国家统一规定的计算规则计算工程量。

4）严格按合同约定计价。结算单价应按合同约定、招标文件规定的计价原则或投标报价执行。

5）注意各项费用计取。工程的取费标准应按合同要求或项目建设期间有关费用计取规定执行，先核实各项费率、价格指数或换算系数是否正确，价格调整计算是否符合要求，再核实特殊费用和计算程序。要注意各项费用的计取基础，是以人工费为基础还是以定额基价为基础。

6）防止各种计算误差。工程竣工结算子目多、篇幅大，往往有计算误差，应认真核算，防止因计算误差多计或少计。

6.4.9　工程质量保证（保修）金的预留

按照有关合同约定预留质量保证（保修）金，待工程项目保修期满后拨付。

6.5　计算实例

【例6-1】　某业主与承包商签订了某建筑工程项目总包施工合同。承包范围包括土建工程和水、电、通风及建筑设备安装工程，合同总价为4800万元。工期为2年，第一年已完成2600万元，第二年应完成2200万元。承包合同约定：

1）业主应向承包商支付当年合同价25%的工程预付款。

2）工程预付款应从未施工工程中所需的主要材料及设备价值相当于工程预付款时起扣；每月以抵充工程款的方式陆续收回。主要材料及设备费比例按62.5%考虑。

3）工程质量保证金为承包合同总价的3%。经双方协商，业主从每月承包商的工程款中按3%的比例扣留。在缺陷责任期满后，质量保证金及其利息扣除已支出费用后的剩余部分退回给承包商。

4）业主按实际完成的建安工程量每月向承包商支付工程款，但当承包商每月实际完成的建安工程量少于计划完成工程量的10%以上（含10%）时，业主可按5%的比例扣留工程款，在竣工结算时一次性退回给承包商。

5）除设计变更和其他不可抗力因素外，合同价格不做调整。

6）由业主直接供应的材料和设备在发生当月的工程款中扣回其费用。

经业主的工程师代表签认的承包商在第二年各月计划和实际完成的建安工程量以及业主直接提供的材料、设备价值见表6-1。

表6-1　工程结算数据表

月　　份	1~6	7	8	9	10	11	12
计划建安完成工程量/万元	1100	200	200	200	190	190	120
实际完成建安工程量/万元	1110	180	210	205	195	180	120
业主直供材料、设备价值/万元	90.56	35.5	24.4	10.5	21	10.5	5.5

【问题】

（1）工程预付款是多少？

（2）工程预付款从几月起开始起扣？

（3）1月至6月以及其他各月业主应支付给承包商的工程款是多少？

（4）竣工结算时，业主应支付给承包商的工程结算款是多少？

要求：问题（1）、（2）、（4）列式计算，问题（3）在工程款支付计算表中计算。

【解】　（1）工程预付款为：

$$2200\ 万元 \times 25\% = 550\ 万元$$

（2）工程预付款的起扣款额为

$$2200\ 万元 - 550\ 万元 / 62.5\% = 1320\ 万元$$

1月至8月累计完成建安工程量：1110万元＋180万元＋210万元＝1500万元＞1320万元，预付款应从8月起开始起扣。

（3）1月至6月以及其他各月业主应支付给承包商的工程款计算见表6-2。

（4）竣工结算时，业主应支付给承包商的工程结算款是35.9万元＋9万元＝44.9万元。

表6-2　工程款支付计算表

月　份	1~6	7	8	9	10	11	12
计划建安完成工程量/万元	1100	200	200	200	190	190	120
实际完成建安工程量/万元	1110	180	210	205	195	180	120
计划支付工程款/万元（扣质量保证金）	1110×97%＝1076.70	180×92%＝165.60	210×97%＝203.70	205×97%＝198.85	195×97%＝189.15	180×97%＝174.60	120×97%＝116.40
应扣工程预付款余额/万元	0	0	(1500－1320)×62.5%＝112.5	205×62.5%＝128.13	195×62.5%＝121.88	180×62.5%＝112.50	120×62.5%＝75
业主直供材料设备价值/万元	90.56	35.5	24.4	10.5	21	10.5	5.5
应支付的工程款/万元	1076.70－0－90.56＝986.14	165.60－0－35.5＝130.10	203.70－112.5－24.4＝66.80	198.85－128.13－10.5＝60.22	189.15－121.88－21＝46.27	174.60－112.5－10.5＝51.60	116.40－75－5.5＝35.90

表中：7月份实际完成的建安工程量少于计划完成工程量的10%，应按5%的比例扣留工程款（180万元×5%＝9万元），在竣工结算时一次性退回给承包商。

▶ **习题与思考题**

1. 某工程承发包双方在可调价格合同中约定有关工程价款的内容为：

（1）合同履行中，根据市场情况规定的价格调整系数调整（签订合同时间为基期，指数为1）合同价款，调整时间为当月。

（2）工程预付款为建筑安装工程造价的30%，建筑材料和结构件的比例是65%。工程实施后，工程预付款从未施工工程尚需的建筑材料和结构件价值相当于工程预付款时起扣，每月以抵支工程的方式陆续收回，并于竣工前全部扣完。

（3）工程进度款逐月计算拨付。

（4）工程保证金为建筑安装工程合同价的5%，逐月扣留。

（5）该项目的建筑安装工程合同价为1200万元。

该工程于2010年3月开工建设，3月至7月计划产值、实际产值和根据市场情况规定的价格调整系数见表6-3，其中计划产值和实际产值按基期价格计算。

表6-3 3月至7月计划产值、实际产值和根据市场情况规定的价格调整系数

（单位：万元）

月　　份	3	4	5	6	7
计划产值	80	220	250	170	190
实际产值	85	230	240	190	210
价格调整系数	100%	100%	105%	108%	100%

【问题】

（1）该工程预付款是多少？工程预付款起扣点是多少？应从几月份开始起扣？

（2）该工程3月至7月实际应拨付的工程款是多少？将计算过程和结果填入表6-4中。

表6-4 应拨付的工程款计算表　　（单位：万元）

月　　份	3	4	5	6	7
应签发的工程款					
应扣工程预付款					
应扣保证金					
应拨付的工程款					

2. 发生工程造价合同纠纷该如何处理？

第7章

计算机辅助工程计价

> **教学要求**：
> ● 了解工程造价管理软件的主要内容。
> ● 熟悉清单计价软件的应用方法。

目前，国内广泛应用的工程造价管理软件主要包括：图形三维算量软件、钢筋抽样算量软件、套价软件、工程量清单计价软件、招标文件编制软件等。这些软件在各地的实际应用，一般要进行"本地化"开发，要挂接上当地现行的"定额库"和"价格库"，并按当地建设行政主管部门规定的计价规则进行运算。

限于篇幅，本章以一款基于工程项目整体编制与管理的"清单计价软件"为例，介绍工程计价软件的应用，以抛砖引玉，希望读者能够举一反三。

7.1 软件操作界面介绍

【项目管理】是本软件特有的可以进行工程项目整体编制与管理的功能，无论工程项目包含多少单项工程与单位工程、预算范围有多广，只需编制一个项目造价文件即可。

7.1.1 启动及新建项目

双击桌面上雪飞翔"××建设工程项目造价软件"图标，在"创建项目文件"对话框（见图7-1）中，单击"新建项目"图标，单击"确定"按钮，在弹出的"设置名称及模板"对话框（见图7-2）中输入工程项目的名称，并在"项目模板"列表框中选择"××省2013建设工程清单计价项目模板"，单击"确定"按钮进入"项目管理"窗口。

7.1.2 项目管理主界面

"项目管理"窗口如图7-3所示。

1) 标题栏：显示软件版本号及当前项目文件保存的路径。

2) 菜单栏：具有软件所有菜单命令

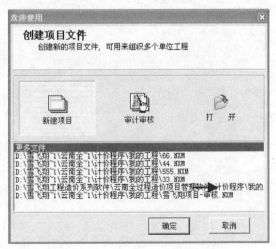

图7-1 "创建项目文件"对话框

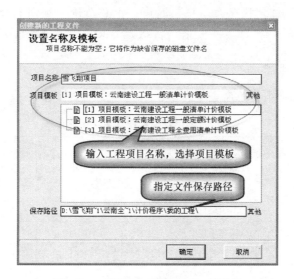

图 7-2　"设置名称及模板"对话框

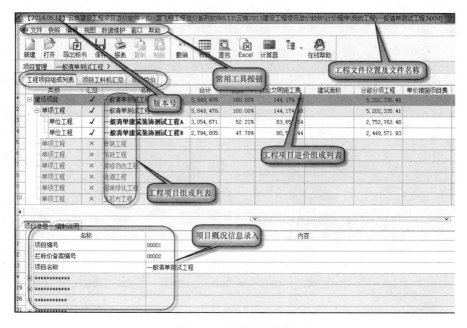

图 7-3　项目管理窗口

功能。

3）命令按钮：具有常用命令功能。

4）导航栏：单项工程、单位工程及窗口快速切换导航。

5）项目管理窗口：具有"工程项目组成列表""项目工料机汇总""项目总价"等标签的切换功能。

6）工程项目组成列表：显示构成项目总造价的单项工程、单位工程的价格信息。

7）项目信息：显示项目概况、招投标人信息。

8）汇总状态："汇总"状态为"√"时可以汇总造价金额到上级节点、汇总该节点的工料机、导出标书、报表输出等，"汇总"状态为"×"时不能完成上述操作。

7.1.3 常用菜单命令

"项目管理"窗口常用菜单命令见表7-1。

表7-1 项目管理窗口常用菜单命令

主菜单	下级菜单	功　能	应用范围	频率指数
文件	新建	新建项目文件	项目文件	★★★
	打开	打开项目文件	项目文件	★★★
	关闭	关闭项目文件	项目文件	★★
	保存	保存项目文件	项目文件	★★★
	全部保存	保存打开的多个项目文件	项目文件	★★★
	压缩项目文件	将项目文件优化压缩到30%左右	项目文件	★★★
	另存	将当前项目保存为另一个文件	项目文件	★★★
	另存为模板	将工程项目或单位工程另存为模板	两者皆可	★★
	从备份中恢复	从备份文件库恢复项目文件	项目文件	★★
	导出电子标书	导出项目标书	项目文件	★★
	导入单位工程模板	将当前单位工程套用另一个模板文件，实现模板应用转换	单位工程	★★
	导入单位工程	导入一个NGC格式单位工程到项目	项目文件	★★
	最近文件列表	最近项目文件列表，方便快速打开	项目文件	★★★
快照	快照	建立当前状态的快照备份	单位工程	★★
	清除所有快照	清除所有的快照状态	单位工程	★
	快照列表	快照后列表，可恢复指定快照状态	单位工程	★★★
编辑	撤销	撤销此前的字符操作	两者皆可	★★
	复制	复制所选择的字符	两者皆可	★★
	粘贴	粘贴所选择的字符	两者皆可	★★
	Excel	将当前焦点窗口导出为Excel文档	两者皆可	★★★
	查找	在当前界面查找关键字内容	单位工程	★★
视图	工具栏	显示工具栏开关	两者皆可	★
	特殊符号	显示特殊符号开关	两者皆可	★
	计算器	打开计算器工具	两者皆可	★★
	布局	对当前窗口设置显示项、行高、字号	两者皆可	★★★
	设置界面风格颜色	设置个性化的窗口显示风格	两者皆可	★
数据维护	主材	编辑主材库文件	两者皆可	★
	编辑信息价文件	编辑信息价格文件	两者皆可	★
	系统参数设置	设置系统后台备份时间等	两者皆可	★★
窗口	层叠	多窗口排列方式	两者皆可	★

（续）

主菜单	下级菜单	功　　能	应用范围	频率指数
	水平平铺	多窗口排列方式	两者皆可	★
	垂直平铺		两者皆可	★
帮助	操作入门	软件操作说明	两者皆可	★★★
	定额说明	定额与计价办法查看	两者皆可	★★★
	视频演示	演示教学	两者皆可	★
	产品注册	检测软件加密注册信息	两者皆可	★★★
	从单机版切换网络版	单机版切换到网络版（网络版需服务程序）	两者皆可	★
	设置软件启动密码	设置软件的启动密码	两者皆可	★
	关于	查看软件的内部版本信息	两者皆可	★★
	公司主页	直接进入雪飞翔网站	两者皆可	★★★

7.1.4　常用功能操作

1. "项目管理"窗口右键菜单功能

"项目管理"窗口右键菜单功能见表 7-2。

表 7-2　"项目管理"窗口右键菜单功能

菜单命令项	功　　能	频率指数
新建单位工程	在当前单项工程位置新建单位工程	★★★
打开当前工程	打开当前选定单位工程，双击也可以打开	★★★
导入单位工程	从其他项目文件中导入单位工程，也可导入独立的扩展名为 .ngc 的单位工程文件	★★
导出单位工程	将当前鼠标选择的单位工程导出为一个独立的扩展名为 .ngc 的单位工程文件	★★
复制单位工程	将选择的单位工程复制到内存中	★★★
粘贴单位工程	将此前复制的单位工程粘贴到当前位置	★★★
单位工程分期	再建立新的单位工程节点	★★
删除	删除选定单位工程或单项工程	★★★
批量设置单位工程费率	将一个单位工程费率应用到其他单位工程	★★
重排清单流水号	为确保清单编码唯一，对清单流水号整体重排	★★★
标记	对选择节点做红色标记	★★
项目设置	对项目进行系统设置（二次开发用）	★
另存为项目模板	将当前项目保存为模板	★

2. 新建单项工程

在"工程项目组成列表"中，已经根据专业类别预设了不同专业的单项工程，如果需要增加新的单项工程，可以执行右键快捷菜单命令，插入一个新建单项工程节点，如图 7-4 所示。

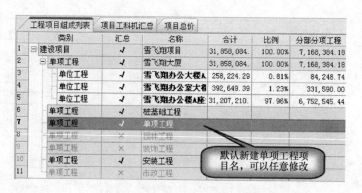

图 7-4　运用右键新建单项工程

3. 新建单位工程

单位工程必须建立在相应的单项工程节点之下。在软件中选中预设的单项工程并右击，执行快捷菜单命令"新建×××工程"，其中"×××"表示专业名称，如建筑工程、装饰装修工程、安装工程等，新建工程名称默认与单项工程同名，用户可以根据实际进行改写。

4. 单位工程的导入与导出

从其他项目文件中导入一个或多单位工程，也可直接将扩展名为 .ngc 的单位工程文件导入到本项目工程中。

执行右键快捷菜单中"导入单位工程"命令，在弹出的对话框中选择项目源文件，并选择项目内拟导入的单位工程，操作如图 7-5 所示。

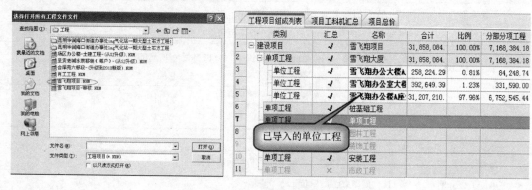

图 7-5　导入单位工程示意图

5. 单位工程的移动

工程项目内各单项工程或单位工程可以进行移动，用鼠标选择"单项工程"或"单位工程"节点，按住鼠标左键不放，在适当位置释放鼠标左键，即可将选择的工程拖到任意位置，如图 7-6 所示。

6. 电子标书的导出

当工程项目造价文件编制完成后，需要发布"工程量清单"或导出"招标控制价"，可单击工具栏中"导出标书"按钮，在打开的"生成电子标书"对话框中选择导出标书类型、指定导出文件保存位置，单击"生成电子标书"按钮，即可将当前项目按规定的"招投标

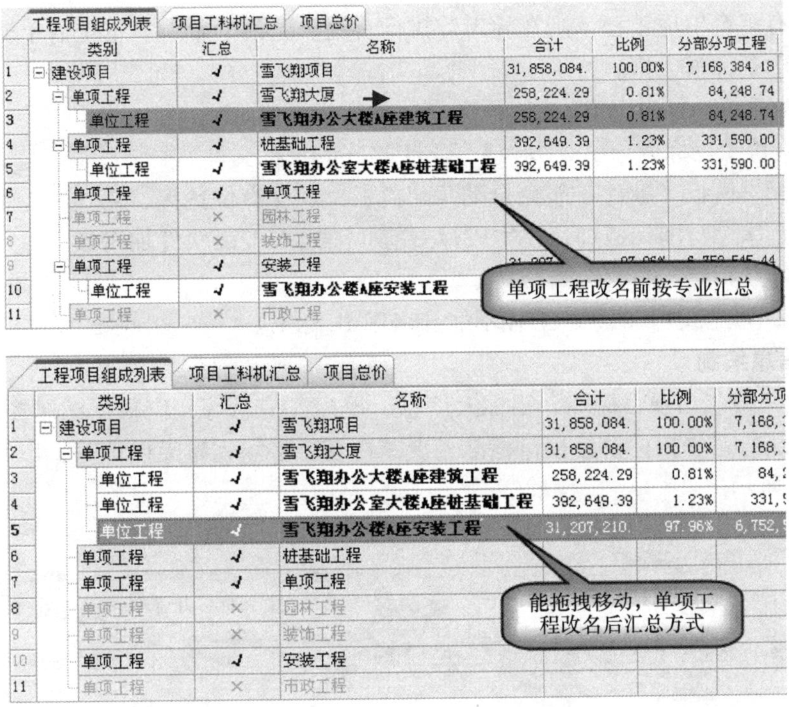

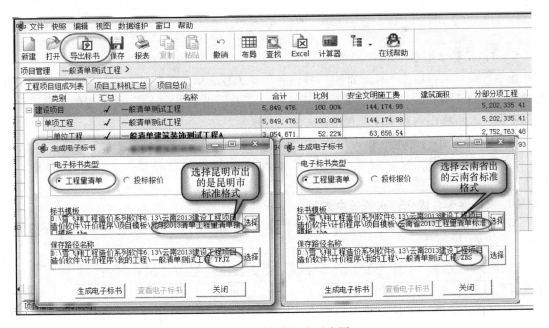

图 7-6　移动单位工程示意图

"接口标准"导出，生成一个 XML 工程成果文件（××省扩展名为 .ZBS 或 .TBS；××市扩展名为 .YFJZ 或 .YFJT），如图 7-7 所示。

图 7-7　电子标书导出示意图

注意：

1）如果有多个单项工程，则在导出前执行右键快捷菜单命令"重排清单流水号"。

2）选择电子标书类型。

① 工程量清单：导出 . ZBS 或 . YFJZ 格式的招标清单。

② 投标报价：投标方导出 . TBS 或 . YFJT 格式的投标文件。

3）选择标书模板（软件一般会自动匹配模板）及保存位置。

4）为防止串标与围标嫌疑，在生成标书前必须插入正版软件加密锁，且不能一个软件加密锁编制多份标书文件。

5）"汇总"状态为"×"的工程不能导出 XML 标书。

7. 项目信息编制

项目信息一般包括项目概况、招标人信息、投标人信息等，应根据编制要求填入信息。"必填信息"部分是"招标投标接口标准"要求内容，必须完整无误填写，以免影响招标投标，如图 7-8 所示。

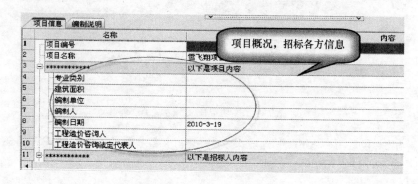

图 7-8　项目信息填写示意图

8. 项目工料机汇总

该软件的最大特色之一就是能将项目内各单项工程、单位工程的人工、材料与机械消耗汇总到"项目工料机汇总"标签的窗口中，对"汇总"状态为"√"的工程的工料机进行的集中调价，可应用到各单位工程中，如图 7-9 所示。

9. 项目总造价

"汇总"状态为"√"时造价合计数据可显示在"项目总价"标签的窗口中，如图 7-10所示。

10. 项目保存、优化、从备份中恢复

项目文件在编制过程中要不定期对项目文件进行保存，避免系统意外中断退出而丢失数据。

1）执行"文件"下拉菜单中的"保存"命令或工具栏中"保存"命令，即可快速保存当前项目文件。

2）执行"文件"下拉菜单中的"全部保存"命令，即可快速保存软件打开的所有工程项目文件。

3）执行"文件"下拉菜单中的"压缩项目文件"命令，即可将当前项目文件大小压缩

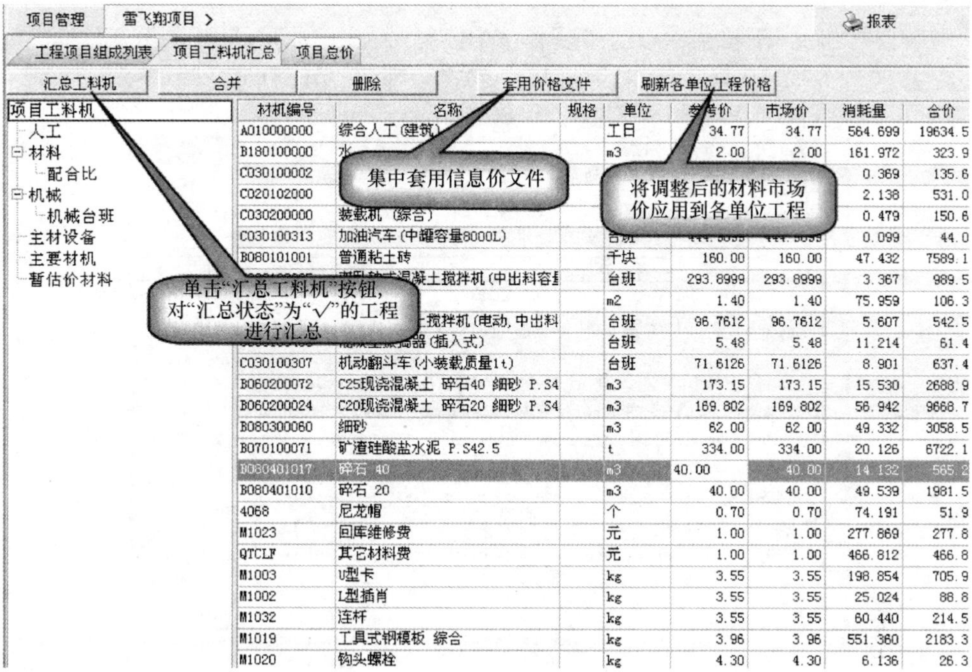

图7-9　工料机集中调价示意图

图7-10　项目总价汇总示意图

到原来文件大小的 30% 左右，同时提升工程数据读写效率。

4）执行"文件"下拉菜单中的"从备份中恢复"命令，即可打开备份文件库，选择欲恢复工程文件，单击"恢复"按钮，实现快速恢复，如图 7-11 所示。

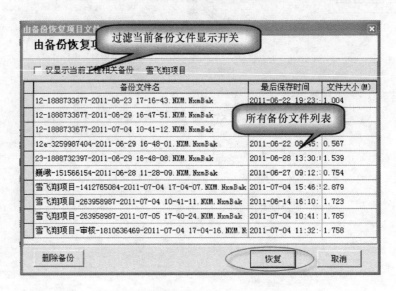

图 7-11 从备份中恢复示意图

11. 项目整体措施费及其他费

当需要发生项目整体措施费直接列项操作时，一般情况不需要编制。

7.1.5 单位工程窗口

在"工程项目组成列表"标签窗口中相应单项工程下新建单位工程后，双击该单位工程，即可进入单位工程编制窗口。

在单位工程编制窗口的操作界面上，会有一个区域显示当前工程项目的信息，依此是：工程文件名称→单项工程名称→单位工程名称→当前选项卡名称。

在操作界面上方，依此排列"工程信息""分项分部""单价措施""工料机汇总""总价措施""其他项目费""取费计算"等选项卡，切换后可进行不同项目的操作。

"工程信息"标签左边导航栏由"工程概况""编制说明""费率变量"与"设置"四个子窗口组成。

1）单击"工程概况"图标输入单位工程的概况信息，单位工程名称，也可根据"项目管理"窗口中的命名自动生成。

2）单击"编制说明"图标输入该单位工程的编制说明内容，也在报表中直接输出。

3）单击"费率变量"图标后显示该单位工程的费率参数集中设置窗口，如图 7-12 所示。

4）"设置"窗口在二次开发时已经进行常规设置，一般不需要用户进行修改，当找不到报表或者需要对小数点设置不同位数时，可在此窗口进行相关设置，各项设置功能在窗口上有文字标签说明，如图 7-13 所示。

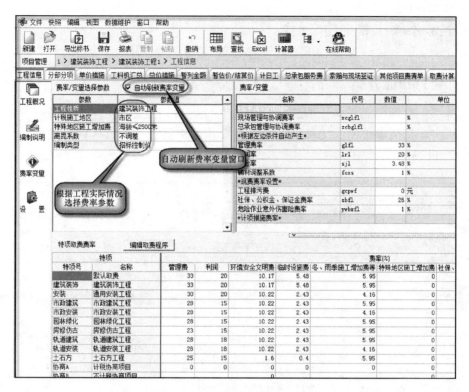

图 7-12 "费率变量"窗口示意图

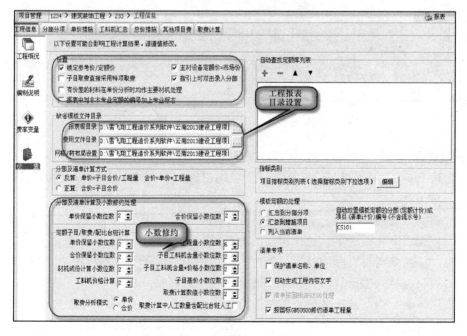

图 7-13 "设置"窗口示意图

7.2 分部分项工程计价操作

7.2.1 窗口功能介绍

分部分项工程计价是单位工程造价编制的主要内容，也是核心内容。在"分部分项"窗口可完成工程量清单编制、消耗量定额子目套用、工程量、子目材料价格等的输入与调整，如图7-14所示。

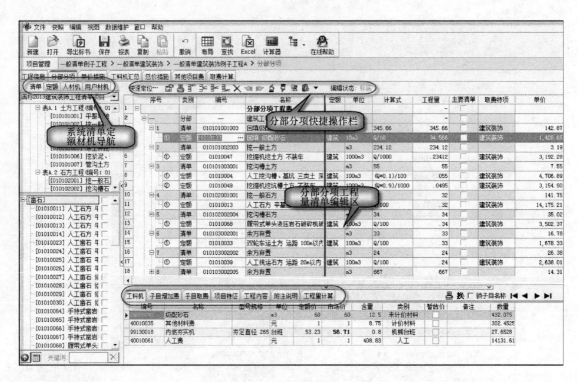

图7-14 "分部分项"窗口示意图

1. 窗口界面

窗口左边有"清单""定额""人材机""用户材机"四个标签，可以切换使用。右边是清单、子目编辑区。

清单：根据工程项目内容，下拉菜单选择不同专业及章节的清单项。

定额：根据清单项目要求，选择所需的消耗量定额子目。

人材机：显示系统材机库内容，可将材机项目拖到当前子目工料机窗口，当定额增补材机时，也可直接将材料以子目形式套用，适合做包干的项目。

章节点区：显示当前清单或定额的章节组成。

定额子目备选区：显示章节中定额子目或者关键词搜索的备选子目。

定额关键词搜索：输入子目关键词，可以实时过滤匹配子目。

快捷操作工具按钮：常见的清单与子目快捷操作按钮，鼠标指针指向即显示功能提示。

清单、子目编制区：完成工程量清单、子目的录入。

子目工料机显示区：显示所选子目的工料机组成，实现对工料机的换算、调价等。

2. 快捷操作工具按钮

快捷操作工具按钮是分部分项窗口操作的常用工具按钮，从左至右如图 7-15 所示。

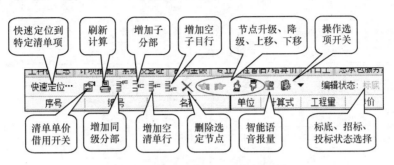

图 7-15　快捷操作工具按钮示意图

3. 右键快捷菜单命令

在分部分项窗口中，右击时显示集成后的右键快捷菜单命令，见表 7-3。

表 7-3　右键快捷菜单命令

一级菜单	二级菜单	功　能	频率指数
增加分部		增加同级分部	★★
增加子分部		增加下级子分部	★★
增加清单项		增加空清单行	★★★
增加子目		增加空子目行	★★★
删除		删除选定节点	★★★
复制行（<Shift>与<Ctrl>多选）		按多选并复制	★★★
粘贴行		在目标位置粘贴此前复制或剪切的节点内容	★★★
块复制（包含子节点）		将选定节点及子节点同时复制（支持多选）	★★★
块剪切		按<Shift>或<Ctrl>键剪切选择的内容	★★★
块操作	块另存文件	按<Shift>或<Ctrl>键将选择块另存为一个文件	★
	块另存（包含子节点）	将选择块及子节点内容另存为一个文件	★
	调用块文件	将此前保存的块文件调用到当前位置	★
增加主材		增加主材作为子目行	★
增加设备		增加设备作为子目行	★
设置直接费		将子目行设置成直接费形式，可直接输单价	★★★
设置增加费		安装专业工程措施项目费的设置	★★★
用户定额	放回定额库	选定补充的定额放回补充定额库	★★
	调用编辑用户定额	从用户定额库中调用或编辑补充定额	★
导入	电子表格	导入 Excel 格式工程量汇总表	★★★

（续）

一级菜单	二级菜单	功　能	频率指数
批量	调用、借用清单子目	从其他工程借用清单与子目	★★★
	导入三维数据	导入三维算量软件数据结果	★★★
	调价	对选定的节点调整造价	★★★
	批量调整取费	对多选的子目批量设置取费程序	★
	设置特项号	对多选的子目批量设置专业特项号	★
	设置超高	计算建筑与装饰超高增加费时设置檐口高度	★★★
	工料换算	对多选的子目批量换算人材机	★★
	工程量乘系数	对多选的子目工程量集中乘系数	★★
	定额单位→1 单位	批量修改定额子目单位	★
	重套定额	根据定额编号重套定额	★★
	清空增加费	对所选的安装工程子目增加费进行清空	★★
	锁定全部清单单价	对分部分项工程所有清单单价进行锁定	★★
其他	解除全部清单单价	对分部分项工程所有清单单价进行解锁	★★
	页首	快速定位到页首	★
	页尾	快速定位到页尾	★
	清单定额自检	快速检测清单规范性与消耗量定额标准	★★★
	重排清单流水号	对当前单位工程清单流水号进行重排	★★★
	删除空行	快速删除分部分项窗口中无用的空行	★★★
显示项目特征		以浮动窗口显示清单项目特征与工作内容等	★★★
分部整理		将清单按工程性质（清单章节）进行分部整理	★★★
锁定清单单价		锁定当前行清单单价	★★★
锁定记录		锁定选择行的记录，锁定记录不能删除	★★
标记		以红字标记选定的清单或子目行	★
模糊查找定额		根据清单或子目名称选择关键词检索定额	★★★
查找模板来源		当现浇构件按含模量系数表关联计算模板量时，在"单价措施"窗口显示此项	★★★

7.2.2　工程量清单输入

　　根据项目设计要求与施工现场情况，输入工程量清单。工程量清单的输入包括：清单编码、名称、单位、工程量、项目特征及工作内容等，根据《清单计价规范》要求，在工程量清单编制时做到编码（9 位编码 + 3 位流水号）、名称、计量单位、工程量（计算规则）、项目特征的五统一。

1. 清单输入方法

　　1）在"清单"标签下第一个窗口内选择所需专业的国标清单库，并根据章节展开到所需清单分项，双击或者拖拽选定清单到右边的"分部分项"窗口，即可快速实现清单的输入。

2）右击增加空清单行，在清单编码栏位置输入9位清单编码，软件自动加3位流水号并实现清单的手工输入。

3）补充清单的输入。增加空清单行后，以"×B001+流水号"形式输入（×取当前专业代码A、B、C、D、E），再输入清单名称、单位、工程量及项目特征内容，如图7-16所示。

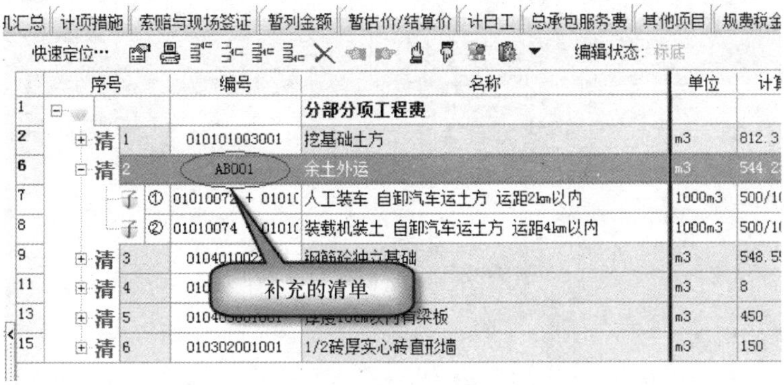

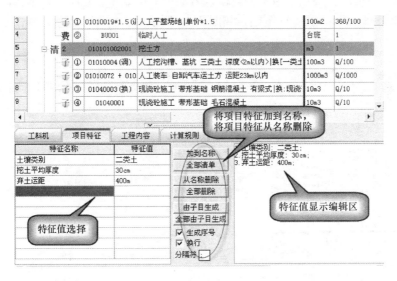

图7-16　补充清单的输入示意图

2. 项目特征的输入

选择清单行，再单击下方的"项目特征"标签，根据项目要求，勾选项目特征值，如图7-17所示。

图7-17　项目特征的输入示意图

7.2.3　定额子目输入

1. 定额库内子目的输入

定额子目的选择必须根据项目特征描述进行，定额子目的输入方法与清单输入方法基本相同，支持双击、拖拽、编码输入。

在软件中已内置了定额指引，可以在选择清单后，直接从清单定额指引中选择输入，如图 7-18a 所示。定额指引下找不到的定额可以从定额标签中选择定额库名称，展开到特定章节及子目后，实现定额子目的输入，如图 7-18b 所示。

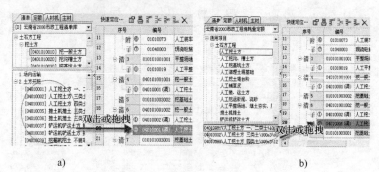

图 7-18 定额子目的输入

2. 补充定额的输入

在套定额窗口中，增加空定额行，输入补充子目编码。补充子目编码由所属专业编码（2 位数字或 C + 2 位数字，具体编码见各专业定额及《云南省建设工程措施项目计价办法》）+ 分部或分册或分节编码（2 位数字，具体编码见各专业定额及《云南省建设工程措施项目计价办法》）+ B + 顺序码（3 位数字）组成。再填写分项工程名称、单位、工程量，然后再进入下方的"工料机"窗口，增加该补充子目所需要的人工、材料、机械及相应的消耗量，补编工料机的代码按照 B + 工料机区分码（1 位数字，1 代表人工，2 代表材料，3 代表机械）+ 顺序码（5 位数字）组成，如图 7-19 所示

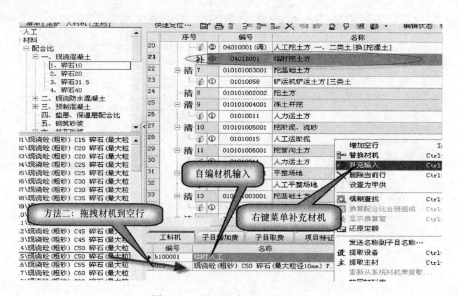

图 7-19 补充定额子目的输入

7.2.4 协商包干费输入

很多用户习惯在"分部分项"窗口中编制包干的"协商项目"费，一般协商包干项目

应该在"计日工"窗口中进行编制，但为了满足用户需求，软件还是支持在"分部分项"窗口中编制。

步骤1：增加空清单行，并输入协商项目清单内容，在清单项下增加空子目行，并输入协商项目定额子目编码、名称、单位及工程量。

步骤2：选择该子目行，右击执行快捷菜单命令"设置直接费用"，在"基（单）价"栏中输入单价即可，如图7-20所示。

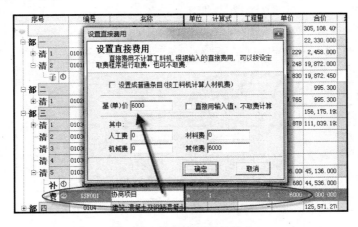

图7-20 协商项目费的输入

7.2.5 清单单价借用

为了快速编制清单单价，可以从工程历史清单或者其他工程清单中直接借用同类子目，具体操作如图7-21所示。

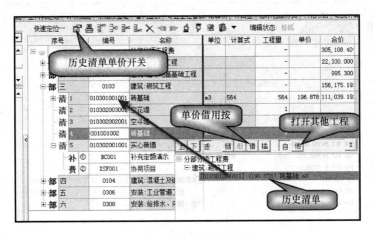

图7-21 清单单价借用操作

7.2.6 工料机右键命令

子目工料机右键快捷菜单命令见表7-4。

表7-4　子目工料机右键快捷菜单命令

菜　单　项	功　　能	频率指数
增加空行	增加空工料机行，等待输入补充材机	★★★
替换材机	打开材机库，用新材机替换当前选定材机	★★★
补充输入	打开补充材料输入对话框，输入材机	★★★
删除当前行	删除当前材机行	★★★
设置为甲供	设置材料为甲方供材	★★
模糊查找	根据选择关键词搜索材机	★★
换算配合比、台班组成	对选定的台班或配合比显示组成，也可换算	★★★
显示换算窗	显示换算窗口	★
还原定额	对换算的定额进行系统还原	★★
发送名称到子目	将选定材机名称发送到子目中	★
提取设备	以子目名称快速增加一项设备	★★
提取主材	以子目名称快速增加一项主材	★★★
重新从系统材机库中提取	根据材机编码重新从系统库提取材机属性	★★
放回材机库	将选定的补充材料放回到补充材料库	★★

7.2.7　导入电子表格

在"分部分项"窗口右击，执行快捷菜单"导入"→"导入电子表格"命令项，打开"导入 Excel 数据"对话框，根据对话框提示，设置表单号、起始行、标题列后，单击"导入"按钮，如图 7-22 所示。

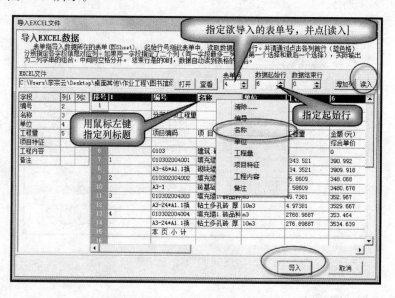

图 7-22　"导入 Excel 数据"操作

单击【导入】按钮后，进入"导入 Excel 数据结构分析"窗口，对 Excel 报表进行分析处理，如图 7-23 所示。

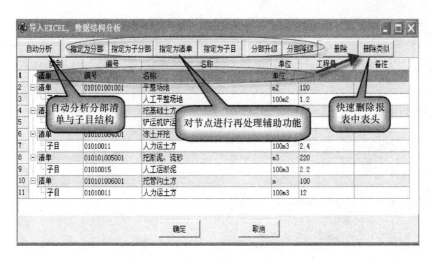

图 7-23　Excel 报表处理操作

操作提示：

1）先选择拟删除的内容，单击"删除类似"按钮。

2）删除无用的其他内容。

3）单击"自动分析"按钮，软件一般会自动分析处理完成所有的分部、清单与子目结构。

4）对确实不能分析的结构或者位置需要调整的，请使用辅助分析功能进行预处理。

5）对补充子目，软件会自动以红色标记，导入后需要用户手工处理补充定额工料组成。

6）分析处理完成后单击"确定"按钮，即可快速导入"分部分项"窗口。

7.2.8　定额工料机换算

在工程计价的编制过程中，所套定额的工作内容通常不能与定额子目的标准内容完全吻合，为满足实际工程需要，就必须对定额内容进行调整或换算。换算内容主要包括：人材机系数换算、定额增减换算、配合比换算、机械台班换算等。在软件中大部分的换算都可以在智能提示下完成，如果需要对定额进行工料机的补充、替换、删除、含量非标准换算等，可以在"子目工料机"窗口中，执行右键快捷菜单命令完成所需的换算处理。归类见表 7-5。

表 7-5　子目工料机右键快捷菜单命令归类

换算类型	换算智能提示	说　　明
系数换算		如土方开挖等不同施工环境的变化引起的换算

（续）

换算类型	换算智能提示	说　　明
增减换算	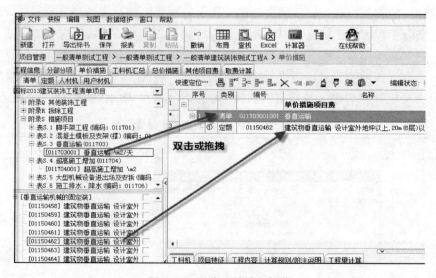	涉及运输距离、厚度等增减的换算
手工换算	在"子目工料机"窗口，直接修改工料机含量	
配合比类	在"子目工料机"窗口中，进入配合比台班组成中，进行含量与组成换算	

7.3　施工措施费计价操作

7.3.1　单价措施的编制

根据《清单计价规范》的规定，能计算工程量的措施项目应以"单价措施"项目进行编制，软件中专门设置"单价措施"窗口，其操作方法与"分部分项"窗口基本相同。

例如，垂直运输费的计算操作：

步骤 1：在清单标签下的清单项目章节区找到"垂直运输"清单分项双击进入到"单价措施"窗口中。

步骤 2：在下面的匹配定额章节区找到对应的垂直运输定额分项双击进入到"单价措施"窗口中。操作方法如图 7-24 所示。

图 7-24　垂直运输输入操作

7.3.2　总价措施的编制

总价措施是既不可以计算具体工程量，又不需要进行综合单价分析，只能以项为单位直接编制单价或合价的施工措施。

将软件窗口切换到"总价措施"窗口，根据施工组织设计对不可计量的施工措施直接列项编制。一般情况下总价措施费由软件根据内置的计价规则自动生成，如图 7-25 所示。

图 7-25　总价措施输入操作

总价措施也可以采用以下的编制方法：

1）总价措施项目可以根据施工组织设计进行增减。

2）可以在"取费计算"标签中打开"费用变量"直接引用"分部分项"及相关费用变量，再输入费率标准即可。

3）在"取费计算"标签中输入金额，"费率"列输入 100，即表示直接给固定的费用。

7.4　工料机汇总分析

工料机汇总分析是指对单位工程中"分部分项"与"单价措施"的人工、材料、机械台班消耗量进行的汇总分析，在"工料机汇总"窗口中可以完成对人材机单价的调整、材料属性的定义等操作。

7.4.1　窗口操作界面

"工料机汇总"窗口操作界面如图 7-26 所示。

1. 信息价下载

进入"帮助"→"下载信息价"命令，单击"下一步"按钮，下载过程自动检测。

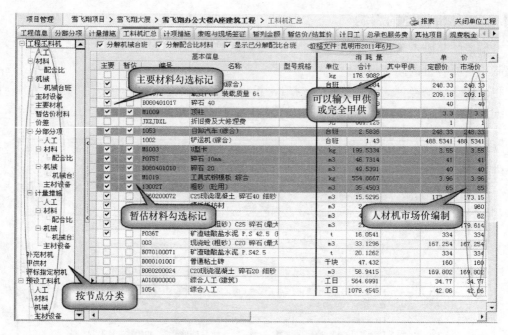

图 7-26 工料机汇总操作界面

软件安装目录中"材料价格"文件夹下是否已经下载过该地区信息价文件,如果没有下载过则开始下载更新,如图 7-27 所示。

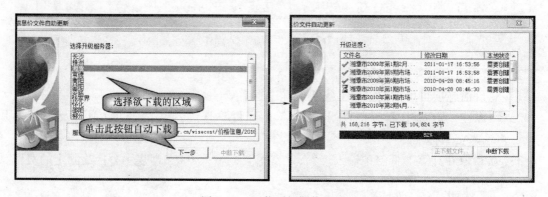

图 7-27 下载更新操作界面

2. 套用信息价文件

在"工料机汇总"窗口右击,执行快捷菜单命令"套用价格文件",打开"套用信息价"对话框,根据提示选择信息价文件进行套用即可,如图 7-28 所示。

除了套用价格文件外,也可以直接修改人工、材料、机械台班的市场价,但可分解的配合比与机械台班不能直接调价,只能通过调整其组成成分单价,软件自动计算配合比与台班的单价。

3. 设置主要材料标志

软件提供 3 种主要材料标记方法。

1)根据"费率变量"窗口给定的主要材料择定比例,自动刷新主要材料。

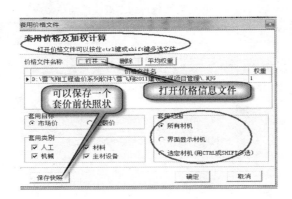

图 7-28　套用价格文件操作界面

2）选择一项或者多项材料并右击，执行快捷菜单命令"设定为主要材料"。

3）直接用鼠标勾选主要材料标志栏。

4. 设置暂估单价材料标志

1）选择一项或多项材料并右击，执行快捷菜单命令"设定暂估单价材料"。

2）直接用鼠标勾选暂估单价材料标志栏。

5. 查找材机的来源

用鼠标选择拟反查来源的材机项并右击，执行快捷菜命令"查找材机来源"，即可弹出"材机查询"对话框，双击检索出来的清单或子目项即可快速定位到该清单子目行上，并可以在此对话框中实现对此项材机的整体替换，如图 7-29 所示。

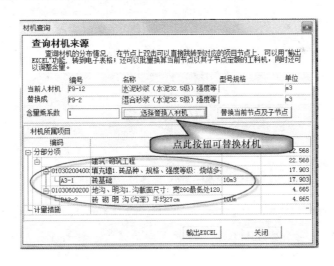

图 7-29　"材机查询"对话框

7.4.2　右键快捷菜单命令

工料机汇总分析的右键快捷菜单命令功能见表 7-6。

表 7-6　工料机汇总分析的右键快捷菜单命令

主菜单	下级菜单	功　能	频率指数
	设定为主要材料	将选定材料手动设置主要材料标记	★★★
	设定为暂估价材料	将选定材料手动设置暂估单价材料标记	★★★
	设定为评标指定材料	将选定材料设置为评标指定材料	★★
	设置为完全甲供	将选定材料设置为完全甲方供材	★★
	查找材机来源	反向查询当前选定材料的来源	★★★
	增加人材机	将材料增加到"预设工料机"节点下	★
	删除	删除选定的材料（材料消耗量为 0 时有效）	★
	查看、编辑价格文件	编辑信息价格文件	★★
	套用价格文件（加权计算）	打开信息价文件并应用到当前工程	★★★
	从 Excel 导入价格	导入一个 Excel 信息价文件进行套用	★★
	保存价格文件	将当前窗口的材料信息价保存到一个文件中	★★★
价格调整	价格乘系数	将特定的材料价格乘系数	★
	清除所有市场价	清除所有材料的市场价	★
	基期价→市场价	将基期价更新市场价	★
	市场价→基期价	将市场价更新基期价	★
	重算配合比、台班价格	修改配合比及台班成分含量与单价后重计算	★★★
	修改材机类别	修改材料及机械的类别	★★
	打开特材表	打开特材表，编辑特材及系数	★★
	工料机含量换算	打开当前选定的配合比或台班含量组成表	★★★
	批量设置特材号	对选定的材料设置特材号，便于指标分析	★★
	批量设置计算式	对选定的材料设置单价计算式	★
	从材机库提取属性	从系统材机库中提取材机的各项属性	★★
	自定义计算	根据自定义的计算式计算材机单价	★
	放回材机库	将选定的材机放回补充材机库	★★

7.5　其他项目清单计价的操作

其他项目费在招投标阶段一般要求编制暂列金额、专业工程暂估价、计日工、总承包服务费，在竣工结算阶段编制签证及索赔、专业工程结算价、计日工、总承包服务费。"其他项目费"标签如图 7-30 所示。

7.5.1　暂列金额

暂列金额（也称暂定金额、备用金、不可预见费等）是指招标人和中标人签订合同时尚未确定的和不可预见的项目备用费用。由招标人在工程量清单中列明一个固定的金额，投标人报价时暂列金额不允许改变，软件操作界面如图 7-31 所示。

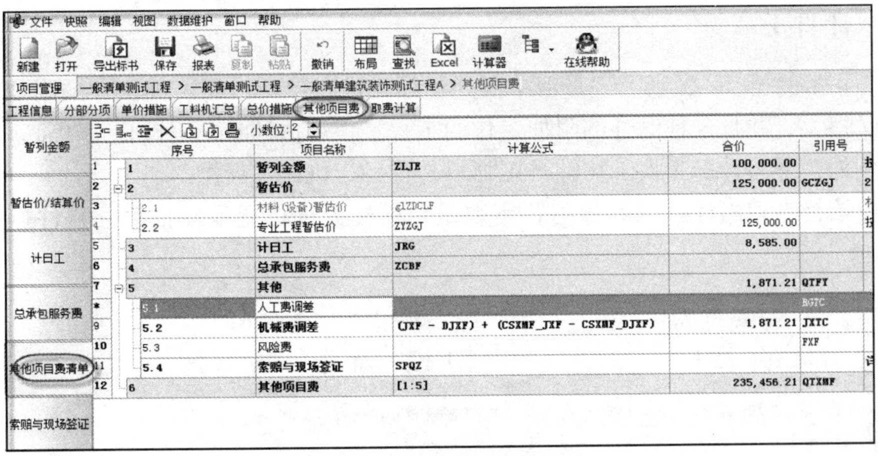

图 7-30　"其他项目费"标签

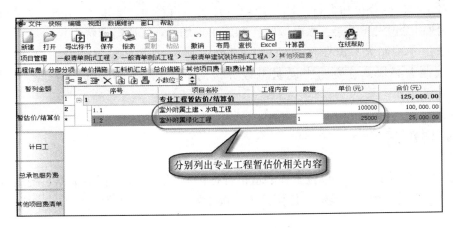

图 7-31　暂列金额操作界面

7.5.2　专业工程暂估价

专业工程暂估价是指在招标人和中标人签订合同时，已经确定的专业主材、工程设备或专业工程项目，但又无法确定准确价格而可能影响招标效果的，可由招标人在工程量清单中给定一个暂估价，投标人在报价时不能进行任何变更。软件操作界面如图 7-32 所示。

图 7-32　专业工程暂估价操作界面

7.5.3　计日工

计日工俗称"点工"，当工程量清单所列各项均没有包括，而这种例外的附加工作出现的可能性又很大，并且这种例外的附加工作的工程量很难估计时，用计日工明细表的方法来处理这种例外，分为计日工人工、计日工材料与计日工机械三大类。

一般由招标方列出计日工名称与暂定数量，投标方进行竞争性报价，软件操作界面如图 7-33 所示。

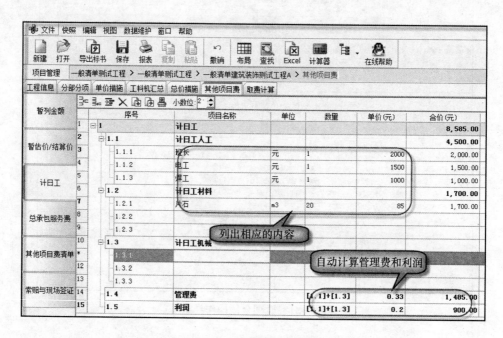

图 7-33　计日工操作界面

7.5.4　总承包服务费

总承包服务费是指在工程建设施工阶段实行施工总承包时，当招标人在法律、法规允许的范围内对工程进行分包和自行采购供应部分设备、材料时，要求总承包人提供相关服务（如分包人使用总包人脚手架、水电接驳）和施工现场管理等所需的费用。

工程量清单编制人只需要在其他项目清单中列出"总承包服务费"项目即可。但是，清单编制人必须在总说明中说明工程分包的具体内容，由投标人根据分包内容自主报价。

7.6　费用汇总操作

"取费计算"界面是整个单位工程的造价数据汇总窗口，软件自动根据系统内置变量生成数据结果，不需要操作人员进行任何修改。操作界面如图 7-34 所示。

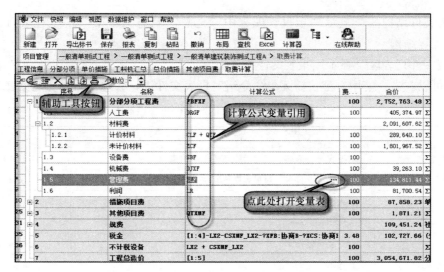

图 7-34 取费计算操作界面

7.7 报表及输出

7.7.1 报表操作界面

报表是数据成果打印输出的常见形式，根据功能区域划分，将"报表"窗口划分为"工程文件结构区""报表文件列表区""报表编辑菜单命令区""报表编辑格式数据按钮区""报表数据源区"与"报表辅助函数定义区"，如图 7-35 所示。

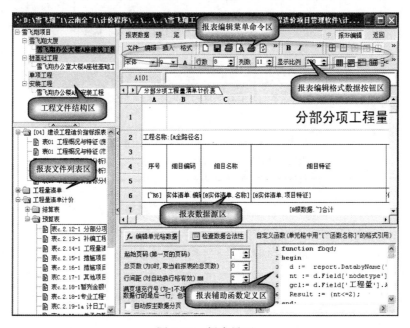

图 7-35 报表界面

"工程文件结构区"显示"项目管理"中"汇总"状态为"√"的工程项目、单项工程、单位工程结构。

"报表文件列表区"显示用报表文件夹分类管理报表的文件名、报表集合文件名。在该区域中,可以右击,使用右键快捷菜单命令组对报表文件进行管理,命令功能见表7-7。

表 7-7 "报表文件列表区"右键快捷菜单命令

菜 单 项	功 能	频率指数
刷新报表列表	对报表进行改名、新建后刷新才显示出来	★★
资源管理器	进入报表文件夹,对报表进行复制、删除等操作	★★★
复制到内置报表	对当前工程所需的个性化报表复制到内置报表中,绑定在工程文件中	★★★
重命名	对报表重新命名	★★★
删除报表	删除不需要的报表	★★
新建报表集合	根据报表输出需要建立一个报表集合,实现批量打印、批量输出到一个 Excel 文件中	★★★

"报表编辑菜单命令区"显示对报表进行操作的菜单命令,菜单命令功能见表7-8。

表 7-8 报表编辑菜单命令区右键快捷菜单命令

菜单	二级菜单	功 能	图 标	频率指数
文件	新建	新建报表或者新建报表格式	▯	★★
	打开	从磁盘中选择报表文件打开		★
	保存	在"报表编辑"状态,保存对报表的修改,在"报表数据"状态,将报表数据保存为 Excel 格式文件	▮	★★★
	另存为	在"报表编辑"状态,保存对报表的修改,在"报表数据"状态,将报表数据保存为 Excel 格式文件		★★★
	删除样式	是删除当前的表格式样,如果要删除报表文件,请直接在报表目录中用右键中的"删除"功能,或者直接用系统资源管理器操作		★
	页面设置	对当前报表的纸张、边距、页眉、页脚等设置	🖨	★★★
	预览	模拟打印效果显示数据	🔍	★★★
	打印	打印当前报表	🖨	★★★
编辑		(略)		
插入	插入单元格	插入单元格、整行、整列		★

（续）

菜单	二级菜单	功能	图标	频率指数
	插入列	插入列，在跨栏合并状态下不能插入		★★
	插入行	插入行，在跨行合并下不能插入		★★
	删除行、列	打开删除行、列对话框	✕	★★★
格式	单元格属性	设置单元格字符格式、字体、字号、边框等		★★
	行高	设置行高度		★★
	隐藏行	特殊情况下隐藏某行		★
	取消隐藏行	取消隐藏的行		★
	默认行高	设置默认的行高度		★
	列宽	设置列宽度		★
	自适应列宽	根据纸张大小及单元格字符数自动适应列宽		★★★
	隐藏列	隐藏当前列		★
	取消隐藏列	取消隐藏的列		★
	默认列宽	设置默认的列宽度		★
	表单属性			★★
	保护			
	输入框			
	默认字体			

"报表编辑格式数据按钮区"有对报表进行格式操作的工具按钮，鼠标指针指向工具按钮时显示功能说明。

"报表数据源区"是报表编辑、数据显示的主要区域，有三种状态：

1）"报表编辑"状态下进行报表数据源的设置、格式编辑；显示报表的主要区域。

2）"报表数据"状态下显示报表的数据结果。

3）"报表预览"状态以打印预览的方式显示报表数据内容。

"报表辅助函数定义区"是为了满足部分特殊报表输出要求，对报表进行辅助函数定义的区域。

7.7.2 报表常用操作

1. 报表编辑

报表编辑是对报表数据源的定义，即根据报表数据输出要求，对报表进行数据字段输出、系统常量、变量、函数的定义等，如图 7-36 所示。

操作过程为：

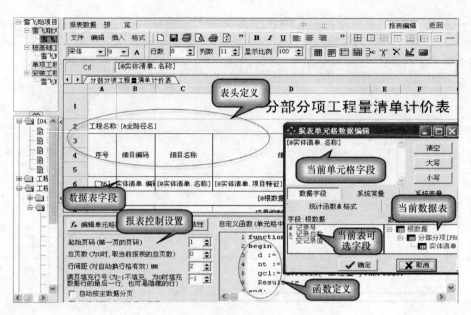

图 7-36 报表编辑界面

1）定义报表的表头、表尾。

2）定义报表的数据字段：双击单元格进入"报表单元格数据编辑"对话框，根据需要增加、删除字段。

3）定义报表中常量：从"报表单元格数据编辑"增加常量，如工程名称、编制人等。

4）定义统计函数：如统计汇总、人民币转换输出等。

5）字体格式设置：使用格式工具栏对字体、字号、加粗、对齐方式、表格线、字符折行等设置。

6）用 Excel 操作方法设置行高与列宽。

7）进入页面设置页面边距、页眉、页脚等。

8）通过菜单或者工具按钮中"自动适应列宽"命令，调整各列宽度。

9）对报表定义完成后，单击"保存"按钮，切换到"报表数据"模式下显示数据输出结果。

2. 报表数据显示

1）左上方选择工程项目节点时，仅显示项目工程相关报表；选择单位工程时，仅显示当前单位工程报表。

2）选择左侧报表文件，再单击"报表数据"按钮即可显示当前报表数据结果。

3）当报表数据出现"#####"字符时，可适当拉大单元格列宽，或缩小字体以满足在有限纸宽范围内显示所有数据。

3. 报表打印输出

1）单击打印机图标则可打印当前报表，单击软盘开关的"保存"按钮，可将当前报表输出 Excel 文件。

2）选择报表集合文件：软件中对招标工程量清单、投标报价、竣工结算、招投标控制价等建立了报表集合，操作人员根据需要打开相应的报表集合，即可成批将集合中的报表打印或者导出到 Excel 文件中，如图 7-37 所示。

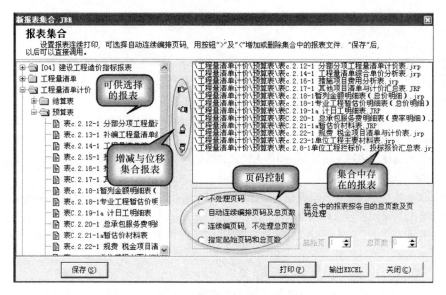

图 7-37　报表集合

参 考 文 献

［1］中国建设工程造价管理协会. 建设项目全过程造价咨询规程：CECA/GC 4—2009［S］. 北京：中国计划出版社，2009.

［2］中国建设工程造价管理协会. 建设工程造价管理基础知识［M］. 北京：中国计划出版社，2010.

［3］中华人民共和国住房和城乡建设部. 建设工程工程量清单计价规范：GB 50500—2013［S］. 北京：中国计划出版社，2013.

［4］中华人民共和国住房和城乡建设部. 房屋建筑与装饰工程工程量计算规范：GB 50854—2013［S］. 北京：中国计划出版社，2013.

［5］中华人民共和国住房和城乡建设部，中华人民共和国财政部. 关于印发建筑安装工程费用项目组成的通知（建标［2013］44 号）［Z］. 2013.

［6］云南省住房和城乡建设厅. 云南省建设工程造价计价规则及机械仪器仪表台班费用定额：DBJ 53/T-58—2013［S］. 昆明：云南科技出版社，2013.

［7］云南省住房和城乡建设厅. 云南省房屋建筑与装饰工程消耗量定额：DBJ 53/T-61—2013［S］. 昆明：云南科技出版社，2013.

［8］张建平. 建筑工程计价［M］. 4 版. 重庆：重庆大学出版社，2014.

［9］全国造价工程师执业资格考试培训教材编审委员会. 建设工程计价［M］. 北京：中国计划出版社，2017.